新仿生建筑

人造生命时代的新建筑领域

何炯德　编著

中国建筑工业出版社

给所有寻梦的先锋者

人类回归自然的希望

徐卫国（北京清华大学建筑学院教授）

1997年建筑评论家查尔斯·詹克斯应邀作为英国AD杂志129期的客座主编，该期杂志的序言标题为："非线性建筑：新科学＝新建筑？"，文中詹克斯简述了在科学界新的复杂科学（即非线性科学），已经取代了发源于牛顿经典理论的旧的现代线性科学，尽管科学家们对非线性理论还未达成一致的看法，但是，非线性科学所揭示出的关于宇宙的事实让人类认识到宇宙其实要比牛顿、达尔文及其他人设想的更具活力、更自由、更开放、更具自组织性；接着，文章指出了新的非线性科学在建筑界已有相对等的新的建筑形式，如毕尔巴鄂古根海姆博物馆（Frank Gehry）、辛辛纳提阿罗诺夫中心（Peter Eisenman）、柏林犹太人博物馆扩建（Daniel Libeskin）；并预言，非线性建筑将在复杂科学的引导下，成为下一个千年一场重要的建筑运动。尽管1997年时这一预言不免有点捕风捉影的意味，但10多年来以复杂科学为基础及计算机技术为工具的建筑实践确应验了他的预言，一场非线性建筑的参数化设计运动正在世界范围内蓬勃展开。

这一运动的最早实践者应追溯到美国哥伦比亚大学无纸建筑工作室，1994年在伯纳德屈米领导下，哥大建筑研究生院成立无纸设计工作室，将研究与教学相结合，首开非线性数字设计领域的先河；1995年格瑞格·林（Greg Lynn）在《哲学与视觉艺术》杂志上发表《泡状物》（Blobs）论文，他把莱布尼兹的单子理论与德勒兹的褶子思想相结合，提出了泡状物概念——"泡状物具备了一种不能还原为任何简单形式或形式组合的连续的复杂性"，在当时被认为是一个新的运动兴起的信号；1997年英国建筑联盟建筑学院开设"设计研究"硕士研究生专业（DRL），致力于数字信息及通信系统为基础的研究性设计探讨；2001年该校又增设"涌现技术"硕士研究生学位课程，通过两年的学习研究，学生系统地掌握数字化生成设计中有关涌现理论、复杂性理论和人工智能等知识，并应用计算机程序生成设计；此外，美国麻省理工学院、澳大利亚皇家墨尔本理工学院、奥地利维也纳工艺美院建筑学院、荷兰代尔夫特工业大学建筑学院、美国哈佛大学设计研究生院、美国普林斯顿大学建筑学院、美国南加利福尼亚建筑学院、中国清华大学建筑学院、瑞士苏黎世联邦理工大学建筑学院先后也开设相关设计课程或建立研究机构，随着这些学校教师的流动及学生毕业走向新的单位，数字设计在美国及世界各地建筑院校逐步普及，并在一些世界著名的建筑事务所及青年建筑师事务所得到运用。经过10多年的发展，数字建筑设计与建造已经成为建筑界及社会所关注的一条新的建筑道路。

本书收集了9个具有共同特点的设计研究实例，展示了这一领域一种思想倾向，这就是设计主体与环境具有互动性的"应答式"数字设计。在这些设计中，建筑体对于环境信息的刺激可发生能动反应以适应环境，它们主要是通过姿态的变化来实现适应的，姿态之所以能发生变动，是因为它们本身是通过某种规则自组织而生成的，当接收到环境刺激后，规则密码被改写而导致外形变动，或者连接单体的构造节点按预设的方式异位而导致整体外形变化。这一特性按作者的说法称之为"回应活性"，较生动准确地概述了这一设计倾向的特点。

这类有生命活性的建筑从形态的生成到构件的生产再到建筑主体的运转，哪个环节都离不开计算机技术，其自组织式的形态生成要依靠计算机算法及程序，构件的生产要依靠软件及数控设备，主体的运转更要依靠过程控制，因而没有数字技术在设计上的运用是不可想象的，可见时代新技术带来了这样有生命的建筑。

事实上，这种有生命的建筑体是人类长久以来所梦寐以求的，因为建筑发展到今天在满足了人类舒适生存的要求的同时，也使人与自然越来越远，建筑成为阻隔人类与大自然接近的障碍，因而，自从建筑设计成为现代社会独立的职业以来，建筑师就从未停止过探索将建筑与自然结合的设计方法，从赖特的有机建筑，到布鲁斯·高夫的连续的有机形象，到当代巴特·普林斯、崔悦君、甘特·杜麦尼格的生物形态及性能模仿，均反映了建筑师的自然化设计倾向，他们试图将居住在建筑内的人与自然环境重新联系起来。但是，直到今天数字时代，人们才看到真正的希望。

尽管这九个作品还只是电脑中的设计，但其思想逻辑以及理性方法在理论上已证明这类建筑的可实施性，我们没有理由不为此而欢呼人类建筑的进步。作者敏锐地收集归类了这一设计倾向，并在这种设计思想刚刚在世界建筑界蔓延的时候，以中文集结出版，这将对中文世界内这一建筑的发展起到不可低估的作用。

序　言　5

绪　论　8

圈式空间——2012伦敦奥运会馆　17

单体——配置　36

移动结构　61

甲壳空间　79

互动体　94

暂生都市主义　117

变形环境　139

建筑中的L系统　158

"我听说"　177

绪　　论
"新仿生建筑"导言

一直以来，人类对环境周遭的生物体系都保持着友好的态度，因为在生活上必需时时处理人类与其他生物的关系。人类由于饥饿必须捕猎其他动物或栽种农作物，由于安全避险必须躲避其他掠食者的攻击，这都说明了人类无可避免地与其他众多的生物组成了共同的生命架构。在这种亲密的共生体系中，人类毫无疑问地对其他生物的模仿成为一种自然的行为，例如远古时期在居住的洞窟墙面上，利用烧炭灰烬所描绘的野兽，或是武士披戴野兽毛皮利爪以彰显威武的恫吓力。这种与自然的模仿关系，不断地渗透在人类的文明发展上。

从古希腊罗马时期以至于文艺复兴时期，建筑物布置所考量的对称性，主次轴向的配置，正面与背面的观念，虽没有直接的仿效生物，但或多或少都参照了生物体的构成逻辑，影响深植于建筑家的思想体系。19世纪末20世纪初，造成全欧风起云涌的新艺术运动（Art Nouveau），修正了威廉莫里斯（William Morris）所倡导的美术工艺运动（The Art and Craft Movement），非但没有拒绝工业革命所带来的大量机械生产，而且更积极地接受机械文明的影响，改善机械制造的低俗品质，因此新材质如钢铁、玻璃、钢筋混凝土的应用，得以摆脱当时新古典主义传统的样式，创造造形式样一新的曲线式样，模仿蔓草、花卉、鸟兽、昆虫等，造就当时装饰的风格。新艺术运动对于生物的仿效，应用于外形样态的浪漫线条，以满足工业革命新技术对于新造形的渴望。当19、20世纪转换之际，在大西洋另一端，先驱建筑家苏利文（Louis Sullivan）在芝加哥以崭新钢铁架构取代石造承重结构，为世人揭开摩天大厦的蓝图，作为新艺术运动过渡到现代主义的桥梁。他提出"形随机能"（form follows function）的思想，影响后辈"有机建筑"的发展，其中代表人物为赖特（Frank Lloyd Wright）及夏隆（Hans Scharoun）。有机建筑将建筑物视为有机体，是大自然的一个环节，重视建筑物与环境整合出和谐的关系，尊重居住者在建筑物内的活动需求，找寻机能与精神的本质，释放与发现"有机的形"，而非使用僵化的几何系统强加在脉络里。经过新艺术运动在建筑技术上的奠基，有机建筑在思想上进一步与大自然对话，仿生的企图与作为跳脱外形的表象模仿。

回顾20世纪的仿生历程，工业技术的突破引领仿生文化的跃进。倘若不是

18、19世纪二阶段的工业革命萌芽，大量与机械制造相关的日常用品不会进入一般人的生活，与机械相关的产业不会兴起或脱胎换骨。钢铁、玻璃、钢筋混凝土等新式材料，在新时代里解放新艺术运动中的自由线条，为新艺术运动的仿生风格铺路，也为传承在后的有机建筑，立下可供超越外部形态，进而深化仿生的标准。然而，工业技术的演进未曾停歇，1946年第一部真空管计算机问世，紧接着晶体管、集成电路计算机相继问世，提供更快、更稳定、更省电的硬设备。而软件方面，微软窗口使个人计算机使用普及，各式相关的软件进入各个领域，改变专业人员的作业习惯与思考逻辑。计算机运算带着全新的生产模式，蕴涵与蒸汽机、内燃机截然不同的能量，即将引爆下一波的技术革命，新一代的仿生学已经蓄势待发，在1990年代逐渐崭露头角。

1990年代晚期，随着盖里令人惊艳的代表性建筑物——毕尔巴鄂古根海姆博物馆的落成，一种由计算机辅助的新建筑思潮，开始掳获来自大众的关注，自此在设计行业上广泛流行。在不同计算机程序的发展之下，扭曲的、波状的且平顺连续的空间形式被生产，崭新的营建技术被发明，精准地将非线性空间具体成形。伴随着由其他先锋者所带来数字实验作品的效力，数字流程已明显地掌握其对当代设计专业的影响。

虽然计算机工具带来撼动传统工具机制基础的数字革新，但当论及设计文化与数字工具的碰撞时，其所驱动之可能性仍处于暧昧的状态。至目前为止，有三个阶段来展示设计者与计算机运算之间的关系演变，以及为彼此带来的火花。

"镜射影像"初始时，计算机程序引进了超越笛卡尔几何想象的世界，其中波状与翘曲的空间是主要的性质，并且使非线性空间以准确的方式成为真实。数字新奇的事物迅速地散布各处。然而，它也引发了一系列的疑问，质疑在既存纹理之中非线性空间与荷载流变相关系，并且电算科技能如何有助于追踪它们。此类的反省很快地找到关于计算机程序初步执行之诠释，有不具说服力的成见。电算程序只担任工具角色，执行过去传统的任务。它们以更高的效率性取代传统工具，只提供多重窗口针对试验模型快速一瞥，以及更轻易修改的模式，完成已在创作者心中成形的作品。它是一组高阶的装备，执行镜射已完成的影像。结果是静态地开展，并且几乎与脉络隔绝，仅带有一具优美的曲线外观。

"动态仿真"未成熟地诠释电算使用被揭露不久后，先锋者将非线性空间进一步指涉不同的网络脉络，以增进电算能扮演的角色。他们将在虚拟程序中执行变形的指令，对照在真实世界里操作的有生命的力量，指令可类同基地中资源丰富的资料，如动线中的人群惯常数量、风力的强度与方向，或者是任何其他组织非线性空间的力量。在程序中所表征的力量，能被参数化地控制。借由设定介于不同参数力量的关系，一系列为数众多的动态互动行为能够被订制，以搜寻空间的构成配置，将比在人类脑中运转的计算能力更复杂许多。在如此运作下，计算机演算的力量较之前得到更佳的诠释。计算机并非只是素描工具捕捉形式，而是形态构成的一种仿真。

"响应活性"先前关于计算机使用的改进，仅暂时保持作为前卫者的探索领域，因为各式议题的新挑战陆续地浮现。即便早先关于动态关系的讨论，从外部处理形态过程的影响，许多疑虑仍然批评其互动失败的结果，未能如同它所意图带来的效果。设计的结果是十分静态的，不如其设计过程般动态。换言之，设计目标的构成纹理及其邻近环境的脉络，将是下一波追求的最前线。基于这样的原因，思潮逐渐开始从内部探索其构成关系。空间的形构则延展其内容，含括内在的构成组织以反应从外而来的力量。轮廓的样貌不是力量交换的唯一迹象，更进一步，内部的组构安排能由内而外地说明互动行为。除了内部形构过程的观照，一种能动的空间有机体是"响应活性"的另一思想分支。它被设计成经由刺激与反应的交换，借由姿态的变化，展示动态环境的复杂性，清晰说明其能动机制与其相对应习性之骨架组合安排，阐明了场域纹理中的互动系统。

此增进介于设计主体与其环境紧密关系的崭新设计风潮，包括一些新发展的研究方法，例如基因演算、能动有机体、织物形构等。在这些不同方法论中共同的语言是"响应活性"。它们皆连接外在环境到它们有兴趣的主题上，以创造响应的机制，较佳的执行互动。自我组织主体借由更动基因密码，而改变其形态发生的安排，或者借由操控其内在关节机制，而调合其身体姿态，又或者借由调整其肌理组织，而变形为不同的外表与行为，以便以易变的组织装置，响应外在的信息。

这样的设计观念搭配计算机运算技术后，开始塑造一种崭新的人工生命建筑，借由自我组织、程序编写、感应互动、能动机构等专业发展，将仿生的观念进一步应用在建筑设计领域里。原本的仿生建筑是将大自然里的生物知识、表现在形态的仿真与应用，亦或强调与大自然的协调共生；但新仿生建筑更激进地将建筑设计跨越到人工生命的再造，强调生活在另一个具有生命活动的人造环境中，这样的新观念作为"新仿生建筑"的中心思想。而"响应活性"明显地成为前卫建筑师对于当代仿生议题的关注焦点。

9位来自世界各地的投稿人或多或少在这个大方向下碰触类似的论题。9个收录的案件计划，起初是9个在不同状况下的独立提案，直到其中7个一起获选成为2005年数字竞赛之可能未来的入选作品。其相似性将它们从其他入选者中过滤出来，清晰表达出某种建筑的未来可能性。同时，其中的多样性丰富了彼此的对话，并且赋予不同的观点，加深对于未知潮流进一步的了解。此书起始于从竞赛中挑选出的7个作品，稍后结合了另外两件来自麦可·汉斯麦尔和R&Sie的受邀设计，以填补此书设计光谱中的基因方向。此书收录来自前卫建筑师的案件，其目标是期待借由引介其案件内容与其背景思想两者，以描绘在此年轻时代着手进行的新颖建筑思潮。

"圈式空间"是关于临时的构造研究，应用于奥林匹克会馆，以供在竞技场外的都市群众使用，其中群众能观赏多样的现场转播。它专精于一种响应的构造原型，它能与空间里群众的数目以及不同的展示内容作互动，进而实践一个动态环境。

"单体－配置"是根据编辫技术，而特定关于形态构成的研究。它探究编辫技巧的基本准则，将其转化为空间机制，并且应用于原型的制作上面。在不同参数的设计上，原型能产生不同的结构配置，以装载相异的机能。

"移动结构"是根据"突现"与"智能材料"的想法，创造可供部署的移动结构。它使用形状记忆合金（SMA）的特性，在不同的组件上指派差异的任务，以组构互动的表层。此设计展示新的材料，如何被编排成有机物，对于被指派的刺激能够有响应的表现。

"甲壳空间"展现两个关于响应构造结构的案例。本设计利用对象导向程序（OOP）的策略，建造介于材料性质模型与其不同的形态发生类型之间的组成关系。此研究呈现出细致的制造过程，以多重的机能，调节介于材料、环境、使用者之间的互动。

"互动体"是一个都市设计案，根基于芝加哥既有的都市结构资料，包括人口密度、绿蓝带空间的群集、主要连连等。设计内容包含六个垂直性的主体，调节既有的资料流变，并且在全球尺度的架构下，重新定义都市空间。

"暂生都市主义"以时间观点，处理都市议题。它搜集暂生主体，并且深入调查其流程，萃取出构成编织都市原型组织的潜在空白。一种能动的装置被提出，以具体化时间组织。不同原型的组合，形成式样不同的有机体，动态地处理多重的都市欲望。

"变形环境"采取狄塞托的观点，并将康登区视为充满动态交换与遭遇的场所，进一步将其转化为转变情节的中介空间。它使用变形斜坡当作原型，以重整都市景观，使其适合其中的使用者、机能、场所以及各式各样的时间性。

"建筑中的L系统"一文，引入L系统作为建筑设计过程的架构模型。它首先解释L系统的内容，包括生产与诠释过程。以不同的海龟绘图法诠释方式，达成不同的系统演化。其所带来的文法工具，有助于建筑清楚地表达出其响应环境的生长。

"我听说"提出一种根据随机生长与自我决议的都市空间，不受僵硬设计可预期性的控制。它着重个别偶然的整体性所引发的复杂性，以及针对变化环境的响应调整。此研究范围从都市空间开始，以至于实体装置、社会行为、居住者的心理状态，终于省思当下状态的观点。

前几年好莱坞强档电影"变形金刚"在世界各地票房告捷，或许它的成功也为"新仿生建筑"开启另一个契机，向大众与主流建筑发声。一直以来，建筑被赋予崇高的永恒性，以平衡、稳定的结构布局，凝结大自然的神韵，表达对天神的敬畏。罗马的万神殿是极致的典范，圆拱顶上的天窗，是主要与外界光源连通的开口，让光线自然渗透进入室内，阳光的运行因而具现在室内的氛围上。万神殿关于崇高性的思维，也不断地影响后世建筑的发展。但在经历现代建筑以降之建筑发展，以及晚近建筑思潮的实验冲击下，建筑设计中关于稳定性的诉求，已不再如同过往般被当作至高无上的设计观念，可是能动的建筑观念，即便在技术无虞的状况下，仍被视为怪异的建筑行为，或被限定为纯粹的建筑技术范畴，排除在建筑设计领域之外。但随着好莱坞片"变形金刚"的卖座，在"博派"与"狂派"的战争中，令人目眩神迷的3D动画效果，将汽车与机械人之间能动的变形动作，以瞠目结舌的方式具现在屏幕上，着实为动态的建筑观，震撼出一道曙光。影片中具有变形能力的机械生命，尽管仍具科幻漫画的阴影，却也透露出当下尖端科技之应用状况，与即将成真的科技梦想之间的联系。在目前的医疗用途里，已有比胶囊还小的机械装置被吞入人体中，以侦测人体内部的状况，并经过运算转化为医事人员所需的信息，以辅助医疗手术的进行。人与机械（人）之间的界线，似乎不再是那么清晰可辨。机械不再只是如同工业革命中的蒸汽机般，在封闭的循环中被动地执行量化的生产力。机械开始与环境互动，具备智能与学习能力，甚至在生物体中担任调适者的任务，维持生命运转。当"变形金刚"的机械生命获得喝采的同时，是否也启发我们更相信以人工智能、互动响应、智能材料、基因运算等为基础的动态建筑观呢？于是建筑自身具备生命，不仅是提供拓印其他生命运作的记录器，建筑物本身即是生命体的运行，活泼地置身在环境里互动、生长与死亡。最终，这便是此书共同的主题，借由不同创作者之间不同的视角、操作方法与结果，在此书中共同回响出关于"新仿生建筑"的探索。

若没有许多朋友的帮忙，此书将不能顺利付梓。我想亲自感谢他们：

首先必须感谢中国建筑工业出版社，愿意将原本名为"活泼建筑"已在台湾出版的建筑书，以"新仿生建筑"之名，在大陆出版与内地的建筑界作交流。感谢季铁男先生的引荐，与出版社唐旭先生不辞辛劳地与我长时期的沟通与协调，以及出版社为了大陆与台湾之间的专业术语习惯做出修改，以利大陆读者阅读。还要由衷感谢北京清华大学徐卫国教授，在百忙之中拨冗为此书作序，有他的介绍肯定为本书生色不少，并搭起许多观念上的桥梁。感谢兼具热情与理想的张硕修先生为本书原文翻译作出贡献。感谢我的母亲廖寿美女士，她永远温柔无私的爱，支持我每一项决定，包括许多事倍功半肇因于我过于执着的选择。感谢我的妻子梁惠敏，在她不吝委身的协助与细心照顾之下，事情总以圆满的姿态完成。最后感谢我那刚满两岁的女儿，不用插手任何事，就足以带来所有的快乐与希望。没有他们的支持与参与，此出版计划将遥遥无期。

几年前，当计算机图像肇因于过度滥炸类似的计算机渲染影像，首度透露出其代表建筑设计者身份认同的弱点时，人们开始回忆过去仅以赤裸的双手所达到的成就。反省数字工具所导致危机的深思熟虑，或许建立起另一个二元论陷阱。就历史发展而言，并不存在某个完全重复过去相同荣耀的时代，因为针对当代的窘境，并没有一个简易的答案，直接从过去历史可寻获。历史只有持续向前行进。因此，持续在边境探索与保持对所有资源的开放性是重要的。借由这种方式，解决困境的钥匙才有可能被找到，并且解开困惑。书中企图延展当代建筑极限的九个设计，或许不是终极的解答，但肯定是关键的火花，照亮建筑未来的演变。

新仿生建筑
人造生命时代的新建筑领域

圈式空间——2012伦敦奥运会馆

2012奥运圈式空间会馆是一个临时展览空间的创新解决方案，它规划出一个圈式空间，可以让不同类型的观众在其中一起观赏在别处进行的运动赛事。

此会馆可以依时间、界限、人群密度和规划等需求参数，展开成连续的空间网络。此会馆特殊的圈式样式，展现出一种成功的空间组织解决方案，让结构得以连续地被套用在任何种类的边界限制中，让材质智慧在各个部分之间保持恒定的动态平衡状态。

最后的建筑提案是数个相互交关的研究（实体和数位的）之结果，这些实验以不同的规模尺度进行，小到个体元件大到整体性行为，此外两个不同原型之实现，展现出回应结构的建筑可行性，也让整个方案的可行性得到证明。

英国伦敦4号基地（Base 4）
西蒙·康斯塔　Simone Contasta　意大利执照建筑师
安得瑞·佛瑞司　Adres Flores　墨西哥专业设计师
依莲娜·贝塔瑞理　Elena Bertarelli　意大利执照建筑师
贝帝沙·辛哈　Bidisha Sinha　印度执照建筑师

圈机器

法国哲学家德勒兹（Deleuze）说："复合者并非有很多部件者，而是一种可以多方折叠的东西。"这句话影响了本方案初期的研究。我们从本来的网络型系统研究，一路演变成设计出一个抽象的机器，它能在连续的系统中融合节点和连接的概念。圈机器（一个封闭的盒子，其中被放入50m长的底片）被视为一个不断变动的圈式空间网络，此系统的智能会动态地在局限的空间里，重新排定现有的材料，并形成一个整体的样式行为和组织结构。

在整系列的实体和数位分析中，我们将整个系统用其中元件来表示（限制系统、置入点、展开速度、密度映像等）。其目标是要能增加我们对时间轴的规则机制以及显示材质组织之参数的了解。然而总体性的结果不取决于所设定的参数，这些是属于系统较高层或较低层的固有行为。

1. 二分法
   内部/外部、左/右、凹/凸、长/短、主动（在置入点对面形成的圈圈-空间寻找者）/被动（由主动者造成的折叠动作）。

2. 对称
   a. 局部：封闭的空间替换为更长的连接"走廊"。
   b. 整体：对称的圈圈分布，大的往中间，小的在边缘。

3. 阶层
   大圈圈中套着小圈圈的嵌套现象，建立了分叉和深度差异的复杂系统。

4. 稳定
   a. 稳定空间：自我相似的各式大小圈圈(S、M、L、XL)会随着时间变动，其类型也会有差异（长、双、群、包围）。
   b. 不稳定空间：临时口袋和残余空间（分叉点）。

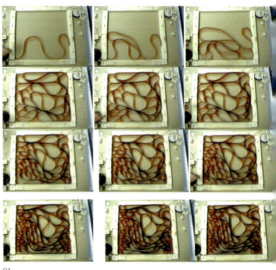

01

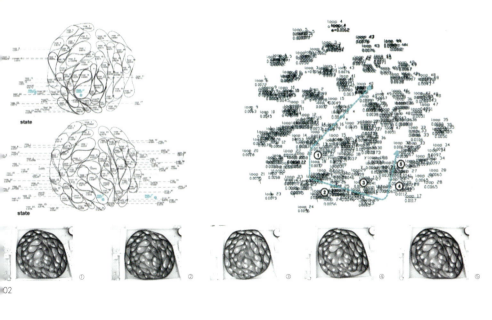

01_ 前一页与下方图片：每一个图框中圈机器的展开图，是用来当作系统的组织样式的映像与分析之基础。

02_ 上方：系统受到单一局部变形影响下的映像，以及整体后续的状况。

03_ 左方：底片长度、尺寸与圈数间的关系之定量分析。

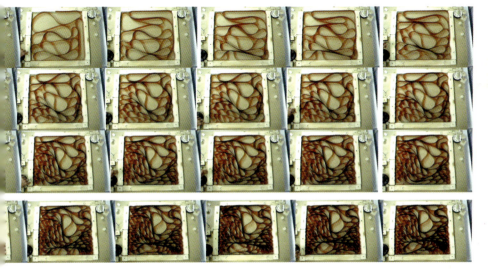

圈式空间

元件研究

元件研究是要研发一套能将初始圈机器及其产生样式,转换为有内在结构表现能力的空间配置之最佳机械系统。此研究是一体两面的,一方面它在作机器既有表现之分析,另一方面是要在局部和整体的层面上,达到连续系统的行为之特定控制。

此研究显示了两种不同方法(不连续元件和连续结构)之结合,它会产生一种综合结构,能成功复制圈机器的行为。连续结构用其材质连续性,将力量转换到整个系统,而不连续元件则是局部的扭力点,它造成整体的变形。为了要产生这样的局部扭力,两个元件得合作来移离连续结构所在的中央点。

不连续元件复制圈机器行为的能力,让我们得以探知属于元件的另外的特定结构性质,这给了初始的材质研究一个新概念。我们用折纸模型深入研究元件的几何状态,每个关节点的位置和自由度,以及和邻近单元之关系,并创造出新结构行为,诸如倾斜(垂直轴的弯曲)和扭曲(对角线的弯曲)。

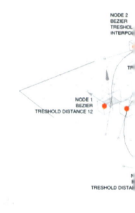

```
setKnotType <shape>            \
    <spline_index_integer>     \
    <knot_index_integer>       \
    (#smooth | #corner | #bezier | #bezierCorner )

SCRIPT TO ADD::::::

    <spline_index_integer>     \
    <knot_index_integer>       \
    (#smooth | #corner | #bezier | #bezierCorner )
setKnotType <shape>            \
    <spline_index_integer>     \
    <knot_index_integer>       \
    (#smooth | #corner | #bezier | #bezierCorner )
setKnotType <shape>            \
    <spline_index_integer>     \
    <knot_index_integer>       \
    (#smooth | #corner | #bezier | #bezierCorner )
setKnotType <shape>            \
    <spline_index_integer>     \
    <knot_index_integer>       \
    (#smooth | #corner | #bezier | #bezierCorner )
```

02

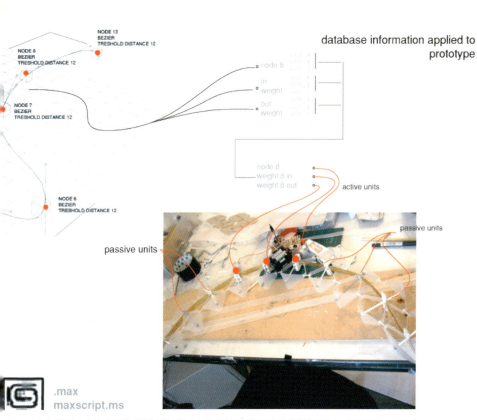

01_ 上方与前页：建议的结构系统与透过节点之资料库程式语言所做的数位控制之关系图示。贝兹曲线的概念被套用在实体模型中，在数位层级里，将控制点的重量转为位移量之数值（由直流电马达产生），套用在特定不连续单元上。

02_ 前页与下方：数个折纸样式的纸模型是用来测试不连续元件的几何形状，并给整体圈式结构带来额外的结构性质。

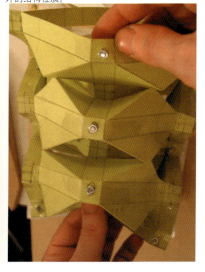

简介

会馆可以在现场赛事场地之外的第二场地，呈显奥运赛事的欢乐，它能让身处在城市中心的观众，模拟如同身在爆满的竞技场内，享受同步临场赛事之愉悦。同时，由于其多隔间的空间配置，此会馆有即时转播分散在各地的资讯或赛事的功能，这让观众可以在同一个会场同时观看完全不同的竞赛，如游泳和田径。

整个提案是由两个主概念所引导的。第一目标是要建立一个有亲临现场观看赛事感受的第三人称空间。这种作法的灵感大体来自伦敦温布尔登（Wimbledon）的集会场，那里现在通常被人称为亨曼丘（Henman Hill），在那边除了正式官方场地的禁区之外，非传统以及更具感染力的庆祝活动在此场域中发生。

第二个目标，是根据小型的触发事件附近会自动聚集人群的这个现象而来的。有一则人气广告清楚地刻画了这个现象，它是讲述有一颗球掉落在街上，因为全国都陷在足球热中，因此人群马上都在球附近聚集了起来，马上形成了一个正面的运动欢乐气息。这个概念与会馆能透过其界面赋予众方向性以带来赛事体验的理念相通。群众随时在移动，他们必须有所移动的目标，而在这个案子中，运动便是其共同目标。

01_ 上方：卡林广告（Carling ad）图片，显示运动是一种触发群众自动聚集的要素，能够创造集体的愉悦。

**loop.space
olympic pavilion**

02_ 上方：各种散布在市内的运动赛事，集体在会馆内的圈圈中转播，让大群观众同时观赏数种赛事。

基地

会馆的模拟测试地点是英国伦敦的特拉法加广场（Trafalgar Square）。特拉法加广场是伦敦市内重要的集会场所，代表了伦敦的精神，因此拿它来推广2012年奥运是最佳的选择，这个地点也是在极度密集的都市纹理中，极受旅客和休闲民众喜爱的场所，在一般的工作日，它每小时会有4 000人次的行人通过。

特拉法加广场已经从1840年代的原始设计历经一次改造，改善了它堵塞的交通和污染状态。改良的设计着眼在整理交通流与人流的交叉点，它呈现一个严格对称的古典布局。人流动画是理解目前使用状态的工具，并可以提出一个新的使用方案。会馆在其中被安置进去，同时还可以让原来的使用模式维持不变，甚至增强。

这个新的地标适合流动性的行人群众使用，其地表使用也更加活泼。整个广场区域成为真正开放的空间，其间的会馆可以举办活动，并在其内部署一些附属功能。当推广活动结束后，会馆的结构可以收起，让该场地可以自由举办其他活动。

Old Trafalgar

New trafalgar

01

01_ 上方：特拉法加广场既有与预计新配置的行人路径描绘。

02_ 次页：一整年内广场群众变化之映像（图内文字为一年间各项节庆活动）。

03_ 下方与次页：人流动画被用以重述广场新配置，以说明既有和预计使用状况之间的关系。

03

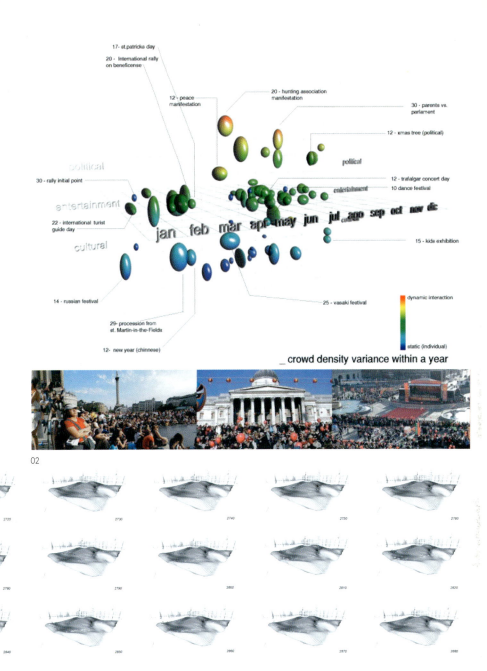

圈式空间

会馆提案

会馆的平面布局是根据之前2004年雅典奥运的资料而定的，按照每一天运动赛事规定出所需的隔间数，而其大小则视该运动受欢迎的程度而定。系统的实体灵活性和内嵌的电子智能，让此会馆可以依规划增减其大小，也能应付预期以外过多或过少观众。

28项不同的运动项目可归纳为四大项：球赛、竞赛、技术、接触。这些类别用颜色编码来标示，以引导一般观众在会馆中移动。此外这个分类让会馆在运动类型与圈架构间产生一个呼应（竞赛类会形成长形圈空间，球赛是宽而较圆的圈圈，技术和接触类则是多重曲线空间）。

会馆除了利用收集来的16天的奥运会资料，也使用发展圈机器的动态机制以形成形状与行为的空间组织。会馆特别了左右边的二分法系统，来定义这些临时空间的内外部，个人项目的赛事放在一边，而团体项目则在另一边。使用者可以马上了解现在正使用会馆的哪一边，而且利用安置在场域里各种的穿越通道，可以随时跨到运动节目的另一边。会馆因此是由各种资讯组织层所组织而成的，这些层创造出赛事导向的圈圈。不同的功能可以区分为三个主要结构和空间类型（展示模式、终赛模式和走廊模式），在其中也同时有特定的群众行为。

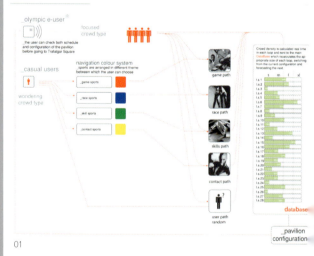

01_

01_ 上方：使用者、圈式空间、群众类型和媒体输出间的关系的映像。
02_ 次页：会馆圈内隔间依照运动类别和奥运时间表所做的各式功能安排。

26　康斯塔+佛瑞司/贝塔瑞理+辛哈

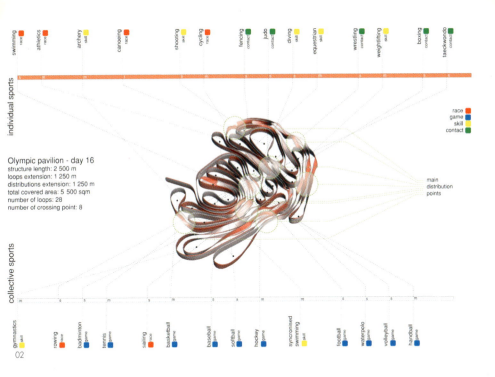

Olympic pavilion - day 16
structure length: 2 500 m
loops extension: 1 250 m
distributions extension: 1 250 m
total covered area: 5 500 sqm
number of loops: 28
number of crossing point: 8

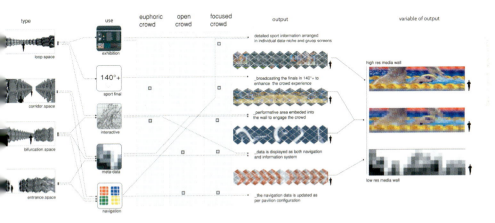

圈式空间 27

展示模式是要将墙壁作为一系列的个人资讯界面之构成体，在其中，使用者可以自由而独立地查阅特定运动相关资讯，或者只是单纯地观看介绍。在这种情况下，局部墙壁被结构性地在倾斜的配置中扭曲，以便在上方的面板得到最佳的能见度。终赛模式和互动模式（由预定的事件或圈内人群密度特定的增加所触发）是要带来一个更整体的体验，它利用整片墙作为单一荧幕，在上面传统的电视标准和规格比例都会重现。水平140°的可能视角，让观众感受到一种完全融入赛事的临场感，并且能在圈圈中心承载稳定而愉悦的观众。在走廊模式中，结构给出的资讯比较简单而未加修饰，让群众可以不用停下脚步，便能随意地接收资讯，不致打破这样的线性动线布局。

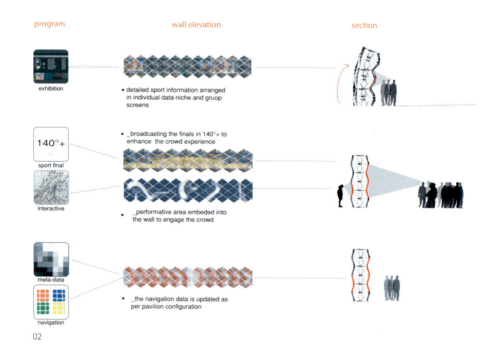

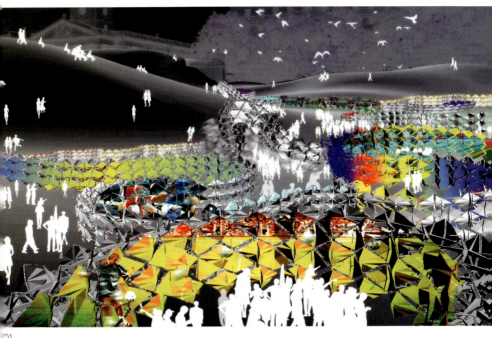

01_ 上方：广场上新的地标让地表行人流动更加自由，并移除许多既有障碍，让会场在推广期间得以开展。
02_ 前页下方：会馆结构的各式编排机能，是由三个要素来判别的：圈圈墙上所播放的媒体资讯类型、圈式结构的变形、空间内群众类型与密度。
03_ 下方：会馆在特拉法加广场展开后的景象，让不同群组的人依照其运动喜好在不同圈内聚集。

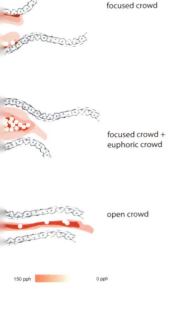

sity mapping

focused crowd

focused crowd + euphoric crowd

open crowd

150 pph　　0 pph

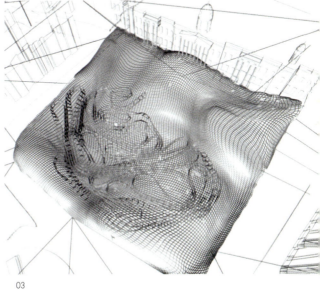

03

圈式空间　29

使用者在会馆中的移动路线由一个反馈圈所引导,每个局部的互动都会被记录并翻译为数字输入资料库,然后与整个广场上28个圈子中变动的人群密度做关联。因此使用者密度得以启动局部的实体或媒体之反应,成为即时的输入资料。局部变形直接应用在会馆的结构上,然而整体的反应是新数位模拟之直接结果。每3个小时所收集的整体资料(人群密度和新程式编排)表示出新的数位模拟的参数,并以此指导会馆每个部分的新位置。从整体与局部变形中取得的最新反馈,能告诉我们整个会馆的新配置,并会依次启动来自群众的差异回应/输入。

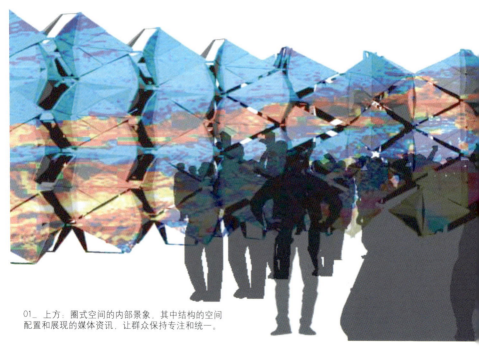

01_ 上方:圈式空间的内部景象,其中结构的空间配置和展现的媒体资讯,让群众保持专注和统一。

02_上方：特拉法加广场之会馆图。

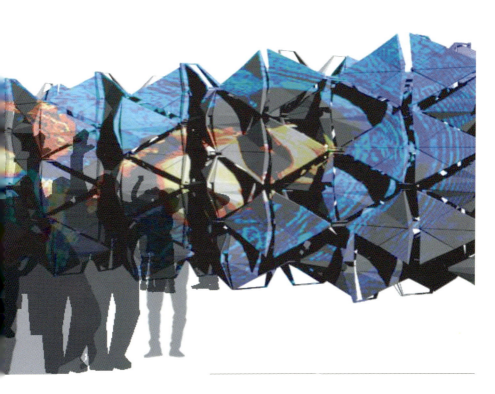

结构

用以界定封存内容的机能和随之发生的结构变形,透过结构中的反馈圈系统,与空间组织直接相关。每个空间都有对应的变形触发,当到达临界值后便会被触发。结构变形可以判别为三类:倾斜(垂直的变形)、圈形成(水平弯曲)、扭曲(对角变形),每个空间都可能单独或多重出现这些变形以因应机能和使用者所要求的空间特性。

更详细地来说,系统的元件是由安装在连续多槽轴上的一系列多面向的多角形构成的。这些多角形形成了能够传播资料流的特殊墙面。每个多角形上都会安装5mm或15mm发光二极体LED荧幕(与Smartslab 系统相似),这种装置不管远或近距离观看,都有最佳的解析度(5 000 nit cd/m^2)。结构的运动被视为结构整体的一部分,在多角形图像阵列最低一列中,嵌有直接驱动轮。这可以确保滑动摩擦力被转为滚动摩擦力,并在结构系统中产生足够的控制力。

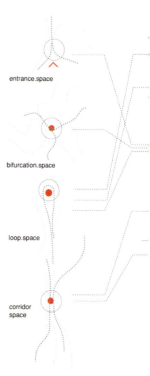

原型

"原型研究"代表了圈式空间设计的最后阶段,在这里我们希望将数位与材料研究做一整合,并提出一个完整的建筑提案。之前描述的元件,必须根据工程与智慧机械学的机械机制流程来制订出,并以此来测试设计的可行性。我们特别研发了两个成功的原型,模拟了原始圈机器的特定行为,以及会馆在局部(1:10)和整体(1:50)状况下的运作。

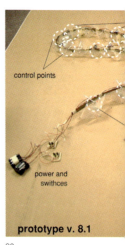

02

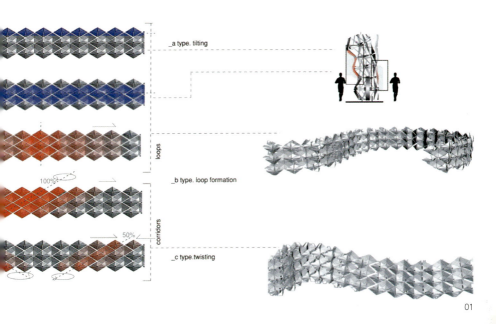

01

01_ 上方：会馆提供的每个空间变异，会以编码的折叠线来启动墙壁结构。每个空间类型都由几个不连续元件的机器变形来辨别。

02_ 前页跨页：组成会馆的隔间结构之多面元件的技术资讯。

03_ 下方：1：10的原型图说，此原型是用来测试不连续元件，透过一连串的局部变形来创造圈式空间的能力。

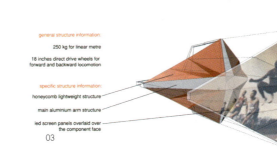

03

圈式空间 33

结论

第一个原型展现了贝兹曲线（Bezier curve）和控制点概念中的实体转换，不连续的元件系列嵌装在连续的内部结构上，靠特别安置的马达来达到完全封闭的圈式空间。

第二原型是开发来展示整体变形和会馆与反馈机制间的关系，反馈机制是会馆的智慧系统之一部分，让会馆能与机能内容互动。25m长的连续带被安置在启动杆上，依次与8个伺服电动机连接，并透过培基程式微控制器与电脑资料库联结。启动彼此相关的每一点，圈移动便会发生，也让整个会馆移动和修正其整体配置，以达到镶嵌在电脑资料库中机能内容所设定的需求。

奥运会馆结构设计展现了一个临时的回应结构，如何在连续的圈式空间中配合机能内容与使用者的弹性需求来运作。

在深入了解圈机器经由数位与实体方式测试过的参数后，让材料组织逻辑得以转换套用在特拉法加广场上，而元件研究和原型实体也测试了实际建造的可行性。此会馆有赖于自发性聚集群众，来完成这个前卫的运动赛事观赏提案，它能带来一个完全融入的环境，在其间观众与荧幕的规模与比例关系有了一个彻底性的创举。

将群众聚集的社会现象、创新影像技术与动态连续结构组合起来，创造了一个较为可行的运动会馆建筑解决方案，并可以套用在任何都市环境中。

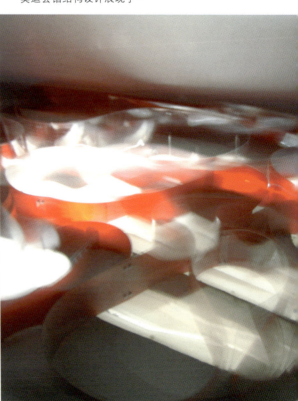

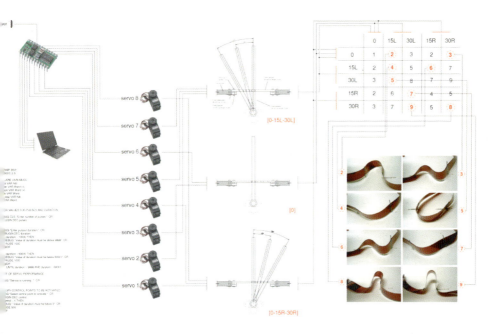

01_ 上方：原型在1：50的比例下的控制与表现图表，展现出控制晶片与实体变形之间的联结。

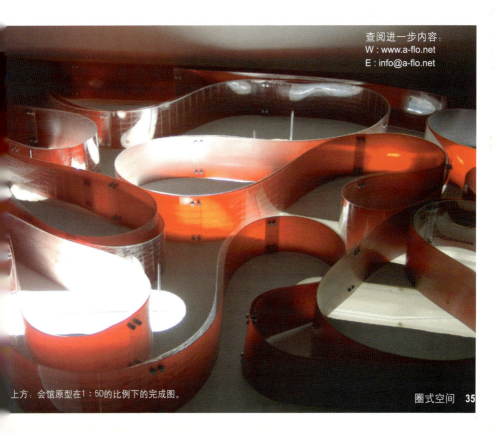

查阅进一步内容：
W：www.a-flo.net
E：info@a-flo.net

上方：会馆原型在1：50的比例下的完成图。

圈式空间

单体 —— 配置

味噌汤设计（MisoSoupDesign）的负责人是大辅长友（Daisuke Nagatomo）与詹明旎（Minnie Jan），这个工作室主要透过材质、空间、流动性来研究建筑。在每个专案中，层层收敛与分散的性质里，以不同的手法和设计来创作建筑与家具。科技的崭新使用方式是本次研究的主题，因为它可以将可能的结构最大化，并将连接最小化。科技使用之极限的探讨，启发了我们去思考如何创造具有机能和永续性的建筑。

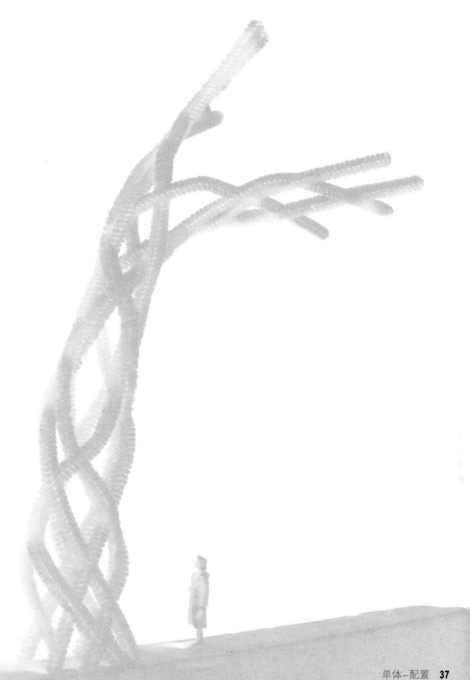

网络和突现结构

网络

在最近几十年中,与建筑相关的领域在科技方面之利用有了大幅的转变。举例来说,电脑辅助设计改善了设计和营建现场的工作流程和管理制度,而进阶的软体也开始提供标准化方法以实践电脑生成的形体。3D电脑应用程式是我们重新定义空间的工具。

先进建筑对于数位社会而言,就如现代建筑之于工业社会:它是一种与交换和资讯相关的建筑,有换置和修正的能力,有动态的过程演变和相关的空间定义[1]。
– 先进建筑之后设都会字典 –(the metapolis dictionary of advanced Architecture)

建筑电讯(Archigram)在纸上实验建筑理念,并从科技汲取灵感,以便创造出一种单靠假设设计所呈现的新事实。数位建筑本质上就是依照理论来验证建筑,作为建筑电信的动作延伸。建筑电信虽有先见之明,但是却缺乏精细到足够让这些设计变得可行的运用模式,设计中的远景终究不存在。然而,由于科技的进步让数位设计得以进行表面张力和架构上的分析,这将建筑带进一个新的境界。电脑透过这种方式,将数学应用带进建筑设计中。

科学和数学

复杂的电脑数学演算程序可以被简化为最原始的状态,就是二进位系统里再现事物的零与一。电脑程序纯粹是一系列的数学计算,跟程式编码很类似。我们的设计过程可以被称为是原始数字的组合。

数字是数学的一切表现方式:数学就是宇宙的女儿[2]。
—— 模数,柯布西耶(The Modulor, Le Corbusier)

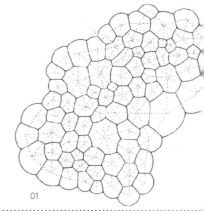

原始数字最初来源于生物体中。一般而言,生物结构是由特定的模式所形成,以便达成最大的生存能力。这些模式都是最小、最合乎生态而且可以维生的。无性生殖系统产生复杂纹理的关键,可以在这些模式中找到。图01中的泡状图示清楚显示出单元的变形被关联法则和个单元本身的复杂性所左右。关联的基本法则以层层堆叠封闭的球体以稳定它们的位置,这跟原子在金属结晶中的基本排列是一样的。以二维层面而言,当泡状物彼此表面接触时,泡状物转变成多角形形态,中心的泡状物变形为六角形。以三维(3D)层面而言,这些泡状物呈现一种12边的形体(菱形12边体)以便在堆叠时保持稳定。

01

---

1. Manuel Gausa, Vicnete Guallart, Willy Muller, Federico Soriano, Fernando Porras, and Jose Morales合著.(先进建筑之后设都会字典 – 资讯时代的城市、科技与社会(The Metapolis Dictionary of Advanced Architecture - City, technology and Society in the Information Age)Barcelona: ACTAR, 2003);第36.

2. 柯布西耶著.模数.巴黎:柯布西耶基金会,2000;10. (Le Corbusier. The Modulor. Paris: Foundation Le Corbusier, 2000.)

因此，表面形变创造了一个复杂的分布网络系统。在数学上，六角样式的结构必须吸纳来自各方向的二维压力时便会产生[1]。这个样式最能抵挡来自四面八方的力量。蜂窝和雪花的造型便是这种现象的最佳例子。就连香蕉的横剖面也呈现出类似的六角形。这些生物与自然的形状显示出最高效率的结构。

结构的突现

大自然的生物结构是非常复杂的。在生物结构里每个成分都是不同的。这就是生物结构为什么不容易被破坏的原因。不规则性不仅在生物学上重要，在科技领域中也是如此，但这方面的研究尚未被详尽地开发[2]。

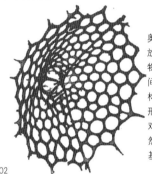

– 弗莱·奥图（Frei Otto）

奥图表示，生物体展示出了三维结构系统，并且以球状形式出现。图02是放射虫这种单细胞生物，从18世纪初期开始，它极其复杂的结构，就让生物学家感到困惑。放射虫本体的构成分为中央主体和周边的细胞质层，中间是用一种薄膜来分割的，该薄膜有时包覆着一层凝胶。这样"骨架"结构的形式发展以支撑住外层的细胞质，该细胞质因为矽土沉淀而产生了圆形气孔。大骨架薄膜会受到压缩，而其轴向对称和格子墙则承载了张力。对生物形体而言，能量意味了力量和生存，因此自然界中的结构彰显了自然界基本原理和法则的存在，那些就是极小和极大建构系统多样性的设计基准。

02

这就是为什么几何学对我们是如此重要。如果把建筑视为一个雕像、形状或是周遭物体那就无趣了。没错，建筑就是一种涵构内容，但除非你能将涵构内容几何化，除非你能撷取涵构内容的实体性质，了解其本质，并学习在该物质中操作。不然你就不算是在做建筑[3]。

一致性：亚历山卓·才拉保罗（Consistency: Alejandro Zaera-Polo）

几何学的基本逻辑定义了所有原始体的组织规则。我们先前谈过的数学、细胞单元、分布网络系统和三维生物都可以在建筑的领域里，以物质组织方式来重新配置。几何学的研究牵涉到数学界限，因此物质、几何学和数学都是互相关联的。我们从这些概念得到启发，并设计出一套实验性的方法来研究建筑和建造科技，进而让我们发现建筑中的变种和变形特质。

....

1. Adriaan Beukers, and Ed van Hinte. Lightness: The Inevitable Renaissance of Minimum Energy Structures. (Rotterdam: 010 Publishers, 2001)：第53.
2. Frei Otto, and Bodo Rasch. Finding Form. Axel Menges, 1995).
3. Peter Macapia. Log. New York: Anyone Corporation, 2004：第37-49.

单体－配置　　－新建筑的变种－

单体－配置的基本前提是要利用一个简单的单体来建立整体的结构配置。在自然界里，我们可以看到诸如DNA、泡沫或树等突现结构（emergent structure）。那些结构会遵循特定规则以增强自我力量和维生能力。这样的规则系统在阿拉伯关于交错的古典概念中也能找到，描述曲线网络般结合形成复杂的配置。这套系统在哥特式建筑、绳结、阿拉伯地毯和饰品、波洛克（Pollock）的行动绘画，甚至辫子发型中都可以找到。单体的变异直接与整体配置突现的效果相关。本设计方案的研究将锁定关于交错性质的材料基础，并延伸交错的技术于结构的主题上。

| 歌特式 | 发型 | 编织 | 绳结 | 波洛克 |

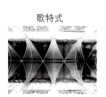   

奥图的最佳化路径系统

在奥图的最佳路径系统研究之实验中，变形的配置提供了一种新几何学，使相连的单体之功能最大化。奥图认为："最小的路径系统对交通路线而言是最理想的，而且已经有特别的实验装置被设计出来研究它……交通的始末点之间有一条拉直的线，那指明了一套直接路径的系统。"当赋予线绳模型一定百分比的额外长度并加水进去，直接路径系统的整体长度便会缩短30%~50%。这个最小绕道系统节省了建筑物的能量和交通线路，大大影响了建筑的发展和城市规划。总结实验，在此的材料组织，也就是当线绳浸湿时的积聚和连接倾向，会将二维的线条转化为有结构行为的网络场域。

直接路径系统，每点都与所有的点相连

封闭网络的分支结构，最小绕道系统

线条模型

---

1 Frei Otto, and Bodo Rasch. Finding Form . (Axel Menges, 1995) : 68-69.

扭转　　编发辫

发辫与使用在阿拉伯地毯的样式很相似，也有交错的特性。然而材质是结构变形的关键因素。头发这种独特的材料允许了多重的分叉和结合，这让它可以形成样式，甚至产生张力和收缩力。扭转起来的头发没有保持形状或承受外力的能力。辫子则不仅可以承担外力，当与其他的辫子连接时甚至能够延长。这个方法可以进一步被发展成绳索，让原本线绳的强度增加三倍。在适当的编发方式下，发辫这种发型可说是最稳定的组织。

发辫分析

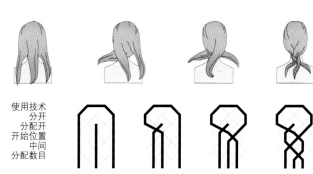

使用技术
分开
分配位置
开始位置
中间
分配数目

作为实验的参数，分股的设置是很重要的。因为头发可以自由地分叉和结合，我们就将头发每一股分为同样的量，以便在编辫子时达到最大的强度。这6种不同的编发方式，形成了6种不同状态的单体。因此分股就是单体，配对就是将单体组合起来成为较大场域的技术，并且配对的可能性有无限多种。透过特定的规则，将配置场域系统化，让每一段的宽度保持一定，便可以控制分股的数目。在配置的过程中会使用若干个技术：分开、增加、抓紧、混编、整合。头的大小控制了分股的数目，而配置也因此开始变形。

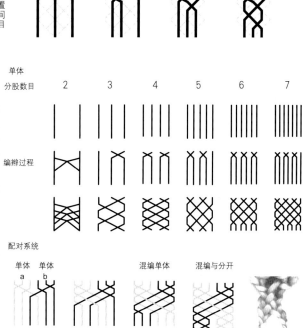

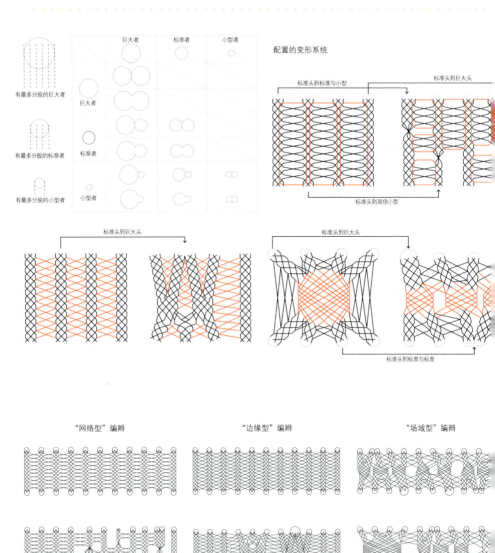

圣百莉中心(英国Sainsbury，诺曼·福斯特Norman Foster,1977年作品) 作为一种空间原型，展示出了一种构筑的模式：拥有最大空间的桁架（truss）系统。在结构分析中，这种有一致桁架系统的典型大门结构，创造出同质的空间。当初始配置保有了严谨的布局，其变形便借由以下的分股和配对规则，在边缘部分展现其灵活性。弯曲的部分依其位置和密度，被迫扩大或减小。在缺乏结构整体性的区域，次要的结构系统会引入来强化整体。此被引发的结果，也在空间与机能内容上影响了建筑类型。

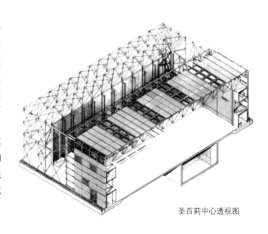

圣百莉中心透视图

结构图示 – 原圣百莉中心与新结构系统之比较

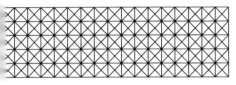

原始桁架系统

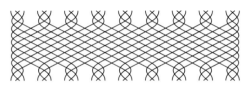

编辫结构系统

将原圣百莉中心分配为三种空间类型

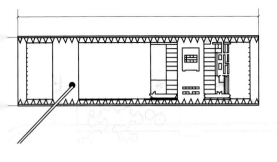

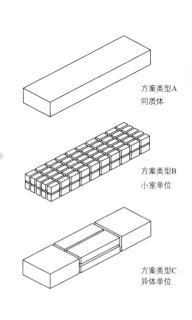

方案类型A
同质体

方案类型B
小室单位

方案类型C
异体单位

单体–配置　43

网路系统

(a) 中心化网路

(b) 去中心化网路

(c) 分散网路

编织的树

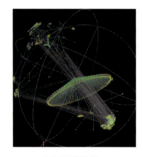
网际网路映像

1964年，工程师保罗·巴兰（Paul Baran）发表了"分散式通信"（On Distributed Communications）理论——战时命令和控制系统之研究："重点是如何用不可靠的零件建立一套可靠又有韧性的网络。当核战爆发后，这套系统必须能自我重组……分散式网络的原理，就是系统中任何两点之间必须要有多条线路相连接"[1]。如果有任何通信管道被切断了，交换数据包的信息网络就会自动改换路线。因此就算有大量的联结被摧毁，其连接还是能被确保无虞。在这三个图示中，资讯由三种不同的分散式系统来传递。同样，我们的配置实验也产生了3个图示，展示出目前的结构分布系统，能进一步发展出三个建筑形态。

1. ACTAR. Verb Matters. Barcelona: ACTAR, 2004: 10.

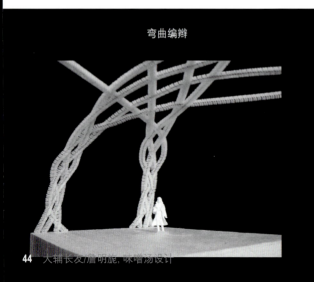
弯曲编辫

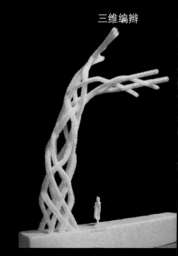
三维编辫

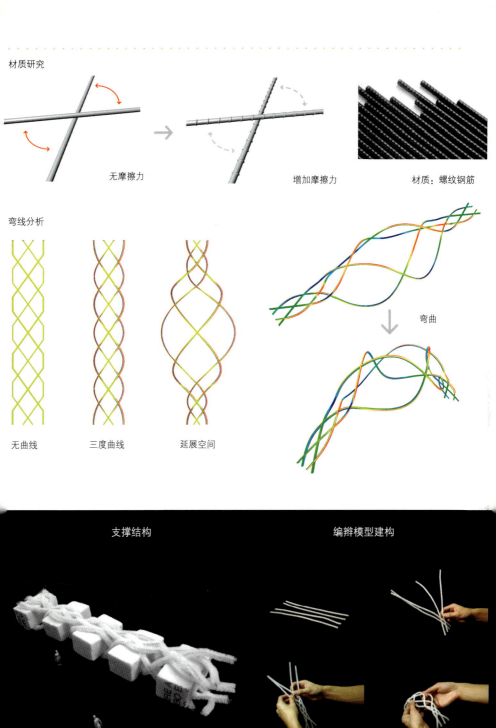

圣百莉中心之"同质性"变种

配置方式:"网络"
机能内容:展览空间
结构系统:弯曲编辫

第一种的同质性结构方案,使用弯曲编辫的构造方式,它形成了非常像圣百莉中心的单体网络。变种的配置蕴涵了几乎相同的空间,但却有着更多灵活的参数,在收缩中产生了许多开放的区域。弯曲编辫形塑出一种非传统的结构材料,而它与空间桁架一样有效。这种变形在顶棚形成了多个潜在的输送管道空间。

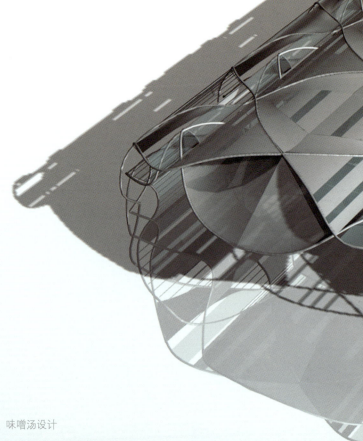

单体-配置

机能类型	机能范例	配置类型
	灵活性 展览空间 总站 公园	网络 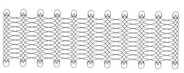

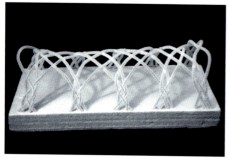

模型

展览空间视景

断面透视

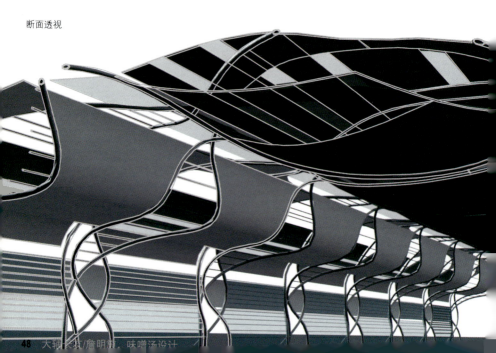

建构过程

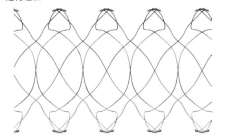

主要结构

表面

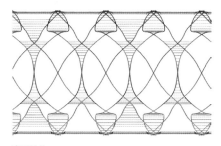

次要结构

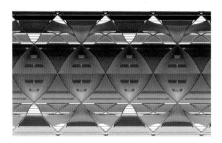

镶嵌玻璃

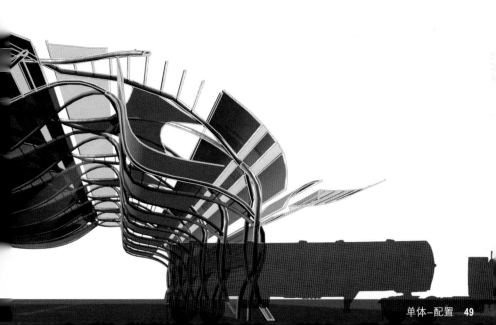

圣百莉中心之"小室单元"变种

配置方式："边缘"
机能内容：集合住宅
结构系统：支持结构

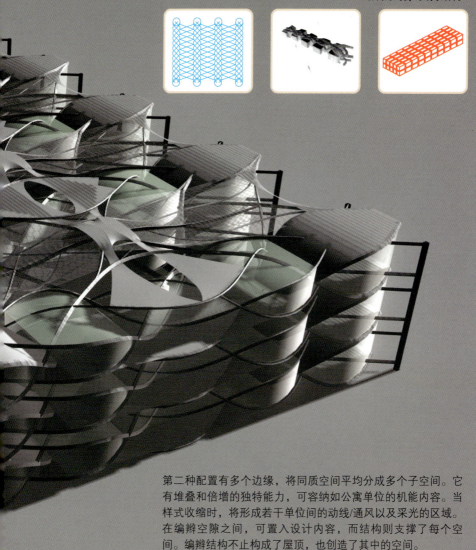

第二种配置有多个边缘，将同质空间平均分成多个子空间。它有堆叠和倍增的独特能力，可容纳如公寓单位的机能内容。当样式收缩时，将形成若干单位间的动线/通风以及采光的区域。在编辫空隙之间，可置入设计内容，而结构则支撑了每个空间。编辫结构不止构成了屋顶，也创造了其中的空间。

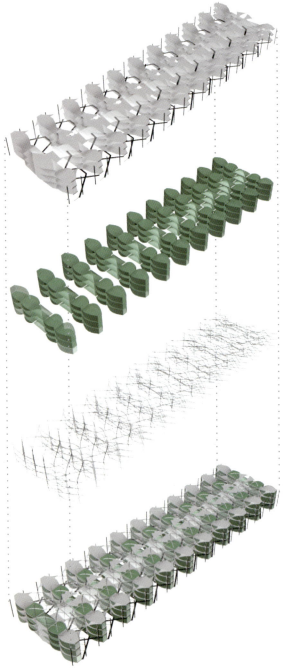

顶棚和斜面

小室单元

结构

52　大辅长友/詹明旋，味噌汤设计

机能类型	机能范例	配置类型
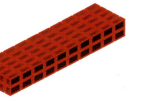	**最大容量** 旅馆 集合住宅 学校	**边缘** 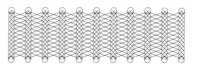
 双单元间隔		 内部视景

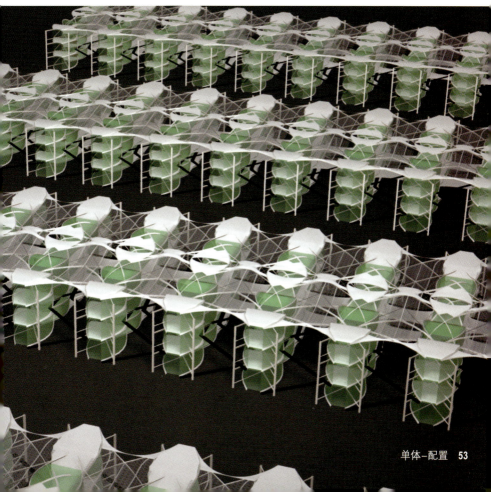

圣百莉中心之"异体"变种

配置方式:"场域"
机能内容:复合使用
结构系统:三维编辫

前述两种配置的混合,会在单体从其重复规则中变种出现。它展现出扩张和收缩的最大潜力,并在不同区域里形成大小不一的空间。机能内容上,此圣百莉中心的变种适合作为复合使用的建筑物。在空间上,它完全不再是原本一致的大空间。垂直的编辫支撑提供了动线核心的契机。

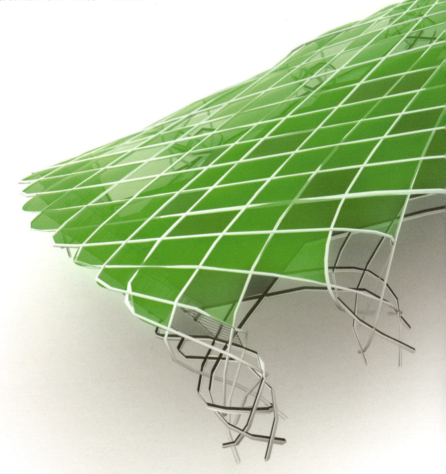

机能类型 设计范例 配置类型

动态空间

复合使用建筑
媒体中心
会展中心

场域

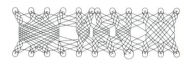

使用CS-FEM软体之结构分析

剖面

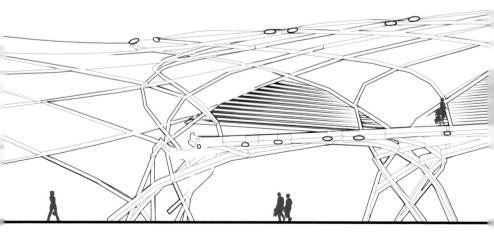

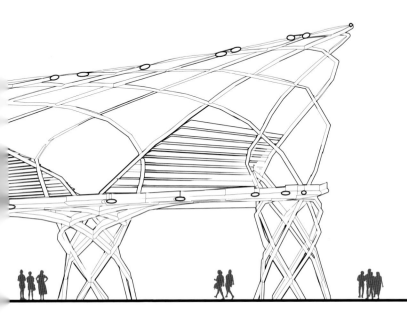

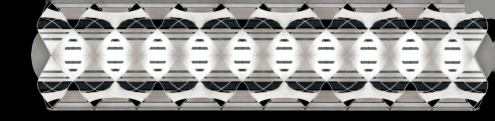

圣百莉中心变种01"同质性"展览空间

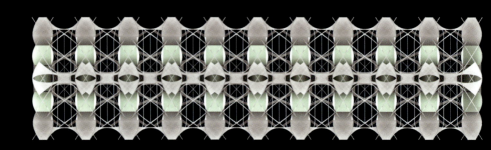

圣百莉中心变种02"小室单元"集合住宅

圣百莉中心变种03"异体"复合使用空间

这三种建筑类型，展示了设计师用单体和架构所做的实验结果。此方法帮助设计师创造灵活运用的结构，它们可以依照机能内容以自我调整。有了先进的技术，建筑构造可以变得比以前更加灵活。自然和生物界一向有着最强的建构能力，这也是我们的设计之基础。生存的基本原则定义出最有效的形状，我们也用它来展开建构的程序。在材质的研究中，来自发辫的基本结构效应，也启发我们一个自由重建的方法。它引导出一个新建筑的想法，并增强了能变种与变形的原型之可能性，指出一种存在于自然与人造形状间的可能建筑构造。新建筑在理论、哲学、数学、社会学、科技与设计的层面上，都扩展了建筑的领域。

参考书目

[1] ACTAR. Verb Matters. Barcelona: ACTAR, 2004.

[2] Beukers, Adriaan, and Ed van Hinte. Lightness: The Inevitable Renaissance of Minimum Energy Structures. Rotterdam: 010 Publishers, 2001.

[3] Cook, Peter. Archigram. New York: Princeton Architectural Press, 1999.

[4] Gausa, Manuel, Vicnete Guallart, Willy Muller, Federico Soriano, Fernando Porras, and Jose Morales. The Metapolis Dictionary of Advanced Architecture - City, technology and Society in the Information Age. Barcelona: ACTAR, 2003.

[5] Le Corbusier. The Modulor. Paris: Foundation Le Corbusier, 2000.

[6] Macapia, Peter. Log. New York: Anyone Corporation, 2004.

[7] Otto, Frei, and Bodo Rasch. Finding Form. Axel Menges, 1995.

[8] Tschumi, Bernard, and Matthew Berman. Index Architecture: A Columbia Book of Architecture. Cambridge: The MIT Press, 2003.

作者
大辅长友(Daisuke Nagatomo)
　　　　2004, 纽约哥伦比亚大学进阶建筑设计硕士
　　　　2001, 日本明治大学工程学士
　　　　生于日本

詹明旎(Minnie Jan)
　　　　2004, 纽约哥伦比亚大学进阶建筑设计硕士
　　　　2003, 南加州大学建筑学士
　　　　生于台湾

www.misosoupdesign.com

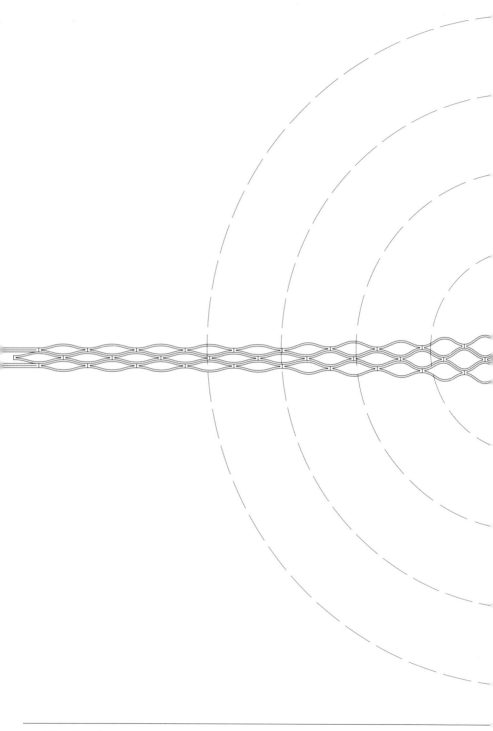

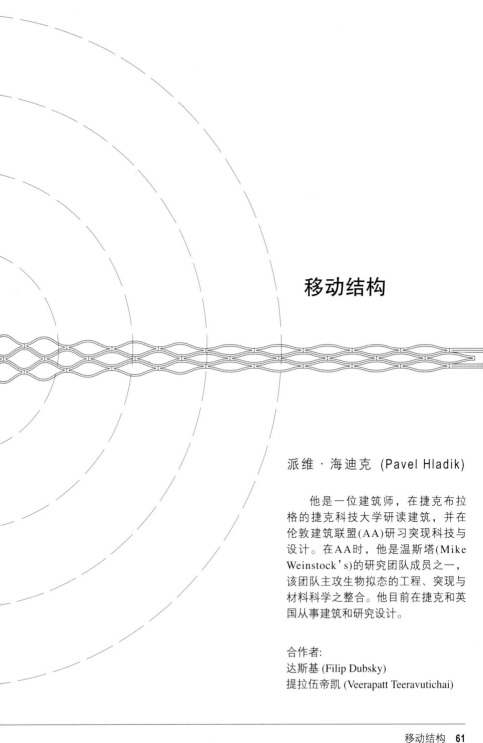

移动结构

派维·海迪克 (Pavel Hladik)

他是一位建筑师,在捷克布拉格的捷克科技大学研读建筑,并在伦敦建筑联盟(AA)研习突现科技与设计。在AA时,他是温斯塔(Mike Weinstock's)的研究团队成员之一,该团队主攻生物拟态的工程、突现与材料科学之整合。他目前在捷克和英国从事建筑和研究设计。

合作者:
达斯基 (Filip Dubsky)
提拉伍帝凯 (Veerapatt Teeravutichai)

突现系统、自然系统与设计

移动结构这个设计奠基于"智慧"材料和突现行为的理论。某些智慧材料允许了结构新的可能性，它们的压力和张力依赖性与传统材料不同。突现技术和程序是非常数学的，并且延展到了其他的范畴中，其中复杂形体或行为之分析与生产是十分重要的。

突现有许多定义：

我们在各种地方都会看到突现存在于复杂适应系统中，比如蚂蚁窝、神经元网络、免疫系统、网际网路以及全球经济，其中整体的行为会比部分的行为来得复杂许多[1]。

当巨观层级下有清晰一致的突现状况时，一个系统便会呈现突现，它们会动态地在微观层面上，从各部分的互动来开始。这些突现状况对系统中的各部分是很新颖的[2]。

形状记忆合金（SMA, shape memory alloy）中的元件会互相影响，并依照控制机制的脉冲来反应。连接到网络上的个别元件，可以借由不同演算规则来启动，并形成一个可移动和部署的结构。当一个元件被启动时，开始影响其他粒子遵照其形态而变化。该程序是渐进的，并会依赖流过结构中的能量。一群鸟或一群鱼的行为（见图01）便是自然界突现的例子。整体的形体不需要任何领导者或中央指挥智慧便会形成。结构行为是从重复和互动的简单规则中突现。

形体从而突现的系统是由电能之流动所维持的，因此也为结构中各个成员带来了资讯。能量流的样式经常改变，而产生差异的结构也随之突现。在自然界里，形体和行为有一个复杂的关系，并会导领皮层和器官的形成（见图02）。对突现、自我组织和材料能力的了解，开展了工程和建筑中的复杂结构。以下的研究展示了有突现行为的复杂结构之相关例子。建造白蚁窝的程序使用了非常简单的规则和回馈机制。那是一种自然中特定条件下所触发的自发程序。另一方面，叶序的生长模拟和数学模型之研究，是在数位空间中执行的。

这里有两个例子介绍突现理论：白蚁的自然系统以及运算增殖方案。

第一个例子是致力于多细胞动物在生存系统中的自我组织——非洲白蚁与其蚁窝。白蚁窝不凡的尺寸和其建造能力，给我们一个具有突现性质的自我组织的好例子。蚁窝的直径最大可以达到30m、高6m。如果白蚁的体形跟人类一样大，那代表最大的蚁巢可以达到直径8 045m长和1 609m高（见图03）。

整个蚁窝土冢是用小土块做成的建筑元件所组成（外墙、孵化室、基盘、皇室、真菌培植区、周边走廊）。

一对蚁后和蚁王生产了数以百万计的工蚁集群，并展开了建造蚁巢的工作。工蚁在工地现场移动，搬运建材。其中有三个正面的回应机制——两种工蚁生产的费洛蒙（黏着信息素费洛蒙、路标信息素）与蚁后信息素。其程序特征包括工地上的扩大与竞争，其后并形成自我组织的常态秩序。

第二个设计着眼于探讨由自我组织和突现所引发，关于形体的数学模型之研究，并了解其中的技术和程序。林登梅尔系统

1.霍兰著. 从混乱到秩序的突现. 牛津大学出版社，1998.（John Holland. Emergence from Chaos to Order, Oxford University Press, 1998.）

2.迪渥夫，何维特. 突现与自我组织. 比利时鲁汶大学，2004.（Tom De Wolf, Tom Holvoet. Emergence and Self-Organisation. KU Leuven, 2004.）

（Lindenmayer system，L系统）提供了针对参数元件的数位生长程序所必需的改写和制造规则。次要的接合延续了叶序样式和相关联的植物生长数学模型。在植物学中，叶序描绘出叶子、芽苞、棘等植物的安置规则。

物理实验推演出来的，由五个变数整合之线性依赖规则所决定的几何形状，取代了演算中的初始形状。被检验的多重团块，包含了空间中的三代元件。数位空间的族群赋予交界多变性的特征，理应拥有创新的方式，接近便利的组建解决方案和进一步的复制方法。

叶序以碰撞为基础的模型被使用来模造螺旋体。它同时允许了材料的交叉和连续性。

扩散逻辑和差异区分是由植物数学模型中推演出来的。对植物的自然样式和行为之观察，提供了不失去自我组织性质而能找到组建解决方案的机会。它也提供在环境改变状态下，预测和捕捉复杂设计行为的可能性，也因此有效地模拟易受环境影响的生长。

01_ 鱼群。整体形态之行为不是透过中央控制系统来引导的。
02_ 油加利树树叶的电子扫描显微图。其组织中有着差异性。
03_ 白蚁窝的发展。

次页
04_ 元件在空间中依照生长运算之L系统来增殖。
05_ 快速原型模型显示表面的第二次形成。螺旋叶序被用来建立模型。

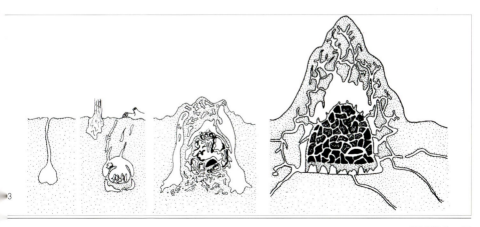

移动结构　63

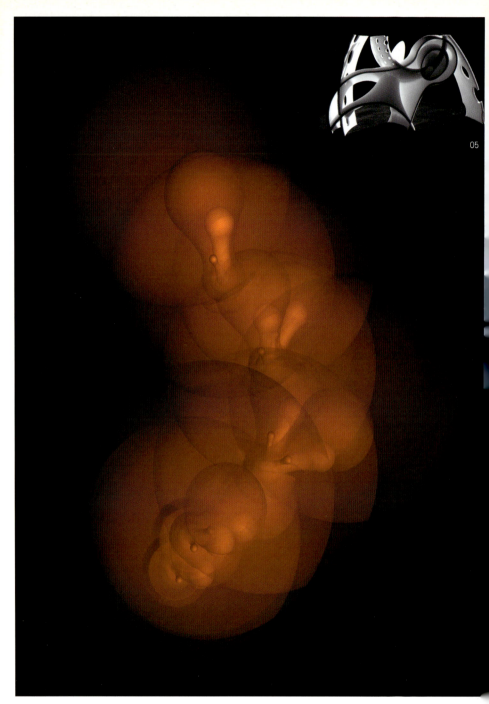

移动结构

此设计探讨了材料系统促成互动环境的可能性,是要找到更简练而有效的解决方案来实现一个受控制的灵活环境。在这个状况下,我们更容易了解个体成员的配置,从形状记忆合金(SMA, shape memory alloy)的观点,转到移动结构的观点上。这样的组合代表了有突现性质的互动结构。

移动结构设计方案运用了两个特殊领域的资讯:其一是可部署结构,它可以折叠缩小以利搬运,并在需要时展开。较为人所熟知的列子包括帐篷和雨伞。自然界中也有可部署结构,比如叶子在芽苞时期是折叠起来的,而生长时便会展开。把这些结构运用在建造上时,可以让空间安排在短时间与低成本下完成。导入可广泛使用的"智慧"材料能省下可观的能源和自然资源。

第二个领域是形状记忆合金(SMA)。SMA是可以记忆形状的一种材料。SMA的独特现象于1938年由格雷宁格和穆拉迪恩(A. B. Greninger and V. G. Mooradian)在铜锌合金中发现的。于1960年代由布勒(W. J. Buehler)制造出TiNi SMA,一种钛镍的合金后,此现象得到了全世界的瞩目。

此材料系统包含试着找到特定位置并互相影响的元件(出自SMA螺旋)(见图08,图09,图10)。表层里僵硬与柔软元件间的协调定义出结构的整体形状。这些元件可以增殖并形成一个更大型互动的表面(见图05、图19)。在结构"工作"中,元件会被电能引发差异。四条SMA螺旋会形成一个元件。螺旋形状的使用是由于形状记忆效应的相乘。两个关键的位置决定了结构在两个方向上的延展和紧缩。对于合金而言,加热和冷却SMA螺旋提供了改变,其温度差有30°C。逐步的加热/冷却SMA程序决定了结构的行为。设计中使用的SMA是由三种金属组成的材质:镍、钛、铜(NiTiCu)。由于合金的特性,其变形可以达到5%。材料包含了两个重要结构:热形和冷形(见图11,图12)。冷形结构是非常软的,在受压力下能产生变形,而热形则决定了结构最后的位置。在其生产过程中,将配方冶炼进陶瓷注模里,最后结果会被编码到SMA上。

元件组装成电子回路并与轻量导电纤维结合。NiTiCu螺旋作为电阻线,会渐渐变热。其稳定性是由锁定联结和特氟纶箔所提供,它们会抵挡整个组装的弯曲。此外,其中有强力线索的变异,它们会将各粒子抓紧在一起。实质的代表模型测试了组合元件的位置和尺寸之样式和可能性。元件最小和最大的移动范围,与整个结构被单一元件的可能性所影响。有三种组装的变异受到测试(见图18)。

测试实质模型可以帮助决定其组装的限制。然后将数据输入电脑来控制系统。激增的元件创造了一个由开/关特定电路所控制的互动平面。元件可以分别地被启动,但是将这些元件用结构逻辑给串联在一起,是较有效率的做法,也更容易控制其行为。表面的形状会由热形的"骨架"来取决,因此也非常坚硬。这些硬化的部分将其他部分抓住。组装中螺旋的反应,造成组装的突现行为。热形和冷形之间的间隔程序是逐步的,其改变是平顺的(见图07)。

建议的系统开启了关于环境与空间的分别之讨论。此结构可以被用作为一种"智慧"的室内分隔物或是环境感知的庇护所。元件实际的形状和结构的区域也对环境有影响。表面背后的光透性被考量,并认作是进阶研究的主题之一。有了完备的电脑程式，它便成为动态环境有效控制的未来主题。

探讨可折叠结构机制和可变形结构之间知识的联结，进入到研究的领域，可以引导出新环境的设计。

形状记忆合金代表了智慧材料的分支，其加热时，有能力回到先前定义的形状。SMA可分为两个支脉，单向与双向的形状记忆效应。在温度低或低于变形温度时，它们的强度非常低，并且能轻易地变形，塑造新的形状。然而当合金一旦被加热超过变形温度，它的结晶结构会发生改变，并回复到奥氏体（austenite）的原始形状。数种以金属和聚合物为主要成分之材料，可以提供此种功用。镍钛（NiTiCu NiTiNOL, NiTiFe等）常使用在金属合金中。例如——医药；血管支架；时尚；鞋子、内衣；电信；航空产业。

item		Ni-Ti	Cu-Zn-Al	Cu-Al-Ni
melting point	°C	1,250	1,020	1,050
density	kg/m	6,450	7,900	7,150
electrical resisitivity	$\Omega i*m*10E-6$	0.5-1.1	0.07-0.12	0.1-0.14
thermal conductivity, RT.	Wm*K	10-18	120	75
thermal expansion coeff.	10E-6/K	6.6-10	17	17
transformation enthalpy	J/Kg	95	70-100	80-100
E-modulus	GPa	800-1,000	800-900	1,000
uts, mart.	MPa	30-50	15	8-10
elogation at fracture, mart	%	350	270	350
fatigue strenght N=10E+6	MPa	20-100	50-150	30-100
transformation temp. range	oC	30	15	20
hysterezis	K	7	4	6
max. one way memory	%	3.2	8	1
normal two way memory	%	100-130	40	70
normal working stress	MPa	+100,000	+10,000	+5,000
normal number of therm. cycles		400	150	300
max. overheating temp.	°C	20	85	20
corrosion resistence		excellent	fair	good

01_ 形状记忆合金-镍钛合金。镍钛铜重要特性是有30℃的温度差。

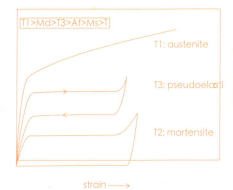

02a_ 此图显示SMA的独特性。

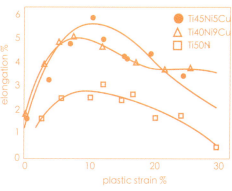

02b_ 根据此图Ti40Ni9Cu被选为结构的元件。

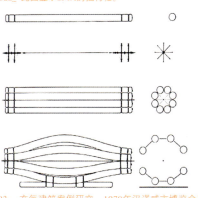

03_ 充气建筑案例研究。1970年汉诺威市博览会迪奥伦会客厅（Lounge Diolen Expo Hannover），建筑师鲁毕兹（Rathke Lubitz）。8个充气缓冲物由绳索来预先加压，此会客厅是由绳索网络来稳固的。

4a_ 人类神经系统之部分。高度阶层系统控制了身体的官。神经差别化的细胞自我组织成为分支的结构，来分电击并激发身体的动作。

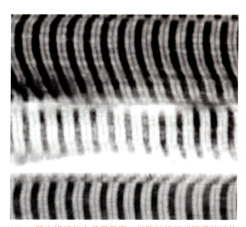

04b_ 肌肉组织的电子显微图。细胞被组织成同质的结构中。阶层制度是结构中不可或缺的系统。

移动结构 67

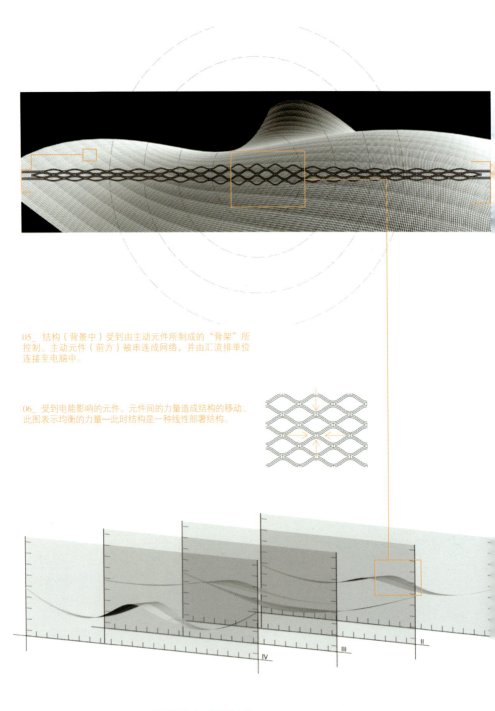

05_ 结构（背景中）受到由主动元件所制成的"骨架"所控制。主动元件（前方）被串连成网络，并由汇流排单位连接至电脑中。

06_ 受到电能影响的元件。元件间的力量造成结构的移动。此图表示均衡的力量—此时结构是一种线性部署结构。

07_ 结构中突现的骨架促使组装整体的移动。其结果有静态的架构—结构同时由薄壳结构（shell structure）改变成梁柱结构（beam structure）。

08_ 元件—侧面

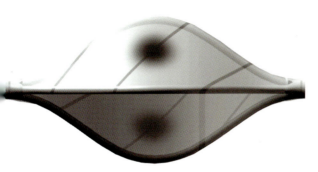

09_ 元件—侧面

10_ 元件—透视图

移动结构

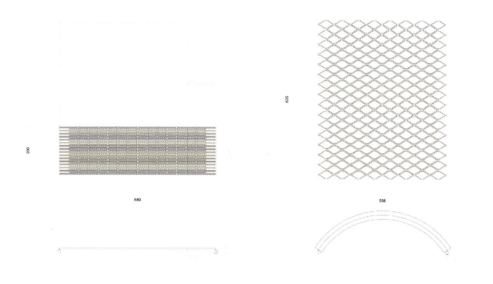

11_ 结构之部分—冷形。SMA的螺旋被外力所变形。结构可以集合成一个小体积。

12_ 结构之部分—热形。SMA的螺旋恢复其编码形状。ETFE箔（四氟乙烯聚合物钢膜）中充满了空气并形成了结构的平面。

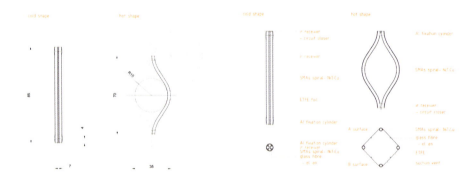

13_ 元件细节

14_ 元件细节

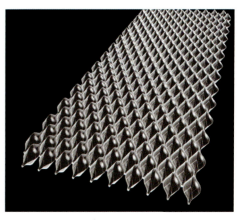

15_ 以ETFE箔包覆的部署结构。

16_ 以ETFE箔包覆的部署结构。

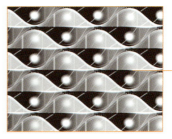

A
组装 3

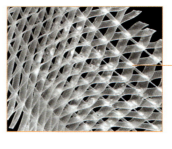

B
组装 3

17_ 元件可以组装成希望的形状。静态的架构可以改变。ETFE箔也可以被裁减来回应最后的形状。

18_ 有三种可能的元件组装。A – 元件沿着螺旋连接。B – 元件由条纹带或线条连接。额外的连接避免扭曲。C – 元件只连接在侧边的点上。

下一页

19_ 改变结构的位相。
20_ 橘色链显示了决定结构形状的骨架。

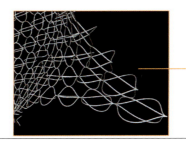

C
组装 3

移动结构

21_ 实体模型的发展。样式发展的第一个阶段。表面被编码进相关的软体中（生产元件）。有两个面决定了元件的尺寸。

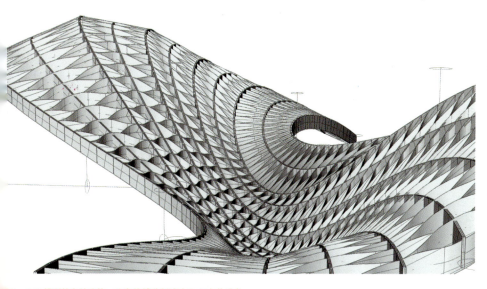

22_ CAD模型的电脑渲染，为电脑辅助制造（CAM）作准备。

下一页

23_ 实体模型。

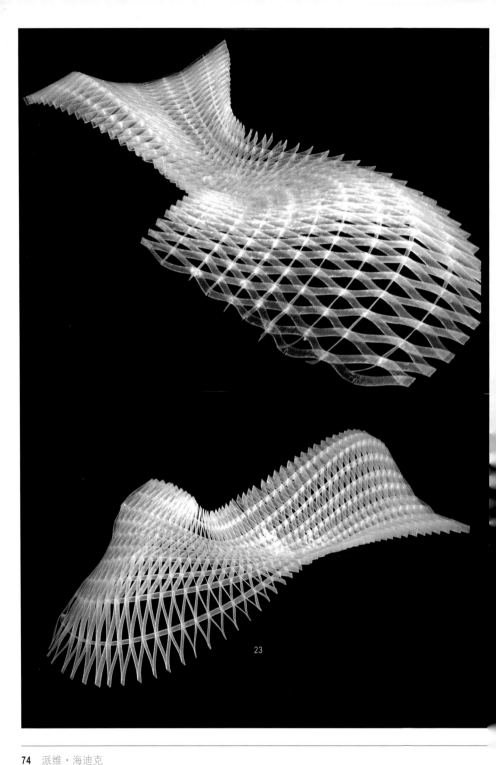
23

光线与移动结构

光线与移动结构，对设计提案而言是有效与恰当的。当议及光线时，我们必须排除传统的做法和技术。移动结构被视为是一种新的动态装饰，有着许多使用的可能性。其结构可能是建筑物的正面，或是一种定义建筑物内部的新拓扑之室内分割。

移动结构被定义为一种能发出光线，并互动地改变其形状和光的物理性质之主体。结构的反应完全被回应到电脑的程式软体上，或是反应于环境的脉冲上。被选的灯光系统指出我们有能力设计运动灯光结构。元件由电能完全控制，而光也比照此逻辑。光强度、微光和频率都连接到此移动上。

资料经由蓝牙信号从感应器传送到个别元件上。接合点（joint）上有切换装置，将元件连接在一起。感应器是使用Sensatex公司的产品，或是Zephyr.iMat的压力系统。

预设的运算法将资讯导入结构中的接合点。连接点上有频率和电感控制器，可以改变SMA螺旋中的电感。在接合点上也可以使用主动器来满足结构的骨架或外覆箔中的灯光系统之电能。被选定的系统让骨架和包覆结构的ETFE箔有了互动照明。

移动结构的设计中有四个主要元件。其中有一个是启动器，提供了移动的初始脉冲。预设的运算法也能提供这种输入。脉冲在感应器上收集，然后散布到结构上的SMA元件。结构必须与电源连接。以下清单明列出设计中使用的元件。

Sensatex和Zephyr.iMat是两种可用的感应装置。

_SENSATEX：Sensatex公司是一家织品工程公司，专营智慧纺织系统（Smart Textile Systems）之发展。智慧衬衫（Smart Shirt）系统是一种可穿着的生理资讯管理平台，它对需求由人体产生之资讯与其资讯管理的绝大部分市场，有着深远的影响。

_ZEPHYR. iMAT：感应科技使用近电场测量技术来决定两个面之间的距离。这让有弹性和可塑性的感应器能够测量距离、位移、力、压力等。感应器非常节省成本、有弹性并可以制造成各种形状。

任何可压缩物质，像是PE聚乙烯发泡或EVA发泡橡胶都可以使用。

骨架可以由三种系统来照亮。
_LED-FLEX：LED-FLEX（弹性发光二极体）是一种多功能且易于使用的照明系统。它可以在场域中被切割、弯曲和塑形，并简单地安装在任何平面上。LED-FLEX系统可以被修剪成任何长度，而且安装简易。LEDFLEX有红、绿、蓝和黄四种基本颜色。

_EL WIRE（电子线）：这是一种电子亮光电线。基本上，它是在铜核心线上面撒上磷光剂，然后用两个26mm口径的小电线包覆在外面。当交流电源的电压和频率适当时，它就会发光。它有9种颜色，其强度取决于电压，而颜色则取决于频率。

_EL FLATLITE（电子平光）：它所发出的光很类似霓虹灯，而且有很大的灵活度。电子发光是一种平行光源，它可以调光来营造室内气氛效果，以及背光显示。其宽度有0.25in到30in，而长度可达300ft，EL flatlite几乎可用在任何用途上，9V、12V、24V直流变压器。

我们可以在ETFE箔中加入灯光系统。

_SUN-TECH（日光科技）：LED膜技术可以使用在预热程序上、夹卷预先打薄（nip rolling pre-laminating）程序与真空装袋上。如果压力不均或过大，或者PVB/EVA/TPU等胶膜太薄，又或温度又高于125°C，那打薄作业可能会损毁LED。打薄参数对大型LED膜最为重要，它们必须能安然抵抗静电的释放。每个LED操作点最大能容许14 mA – 3.7 VA的电力。SUN-TECH照明的生命期是40 000 – 80 000h。

_EL SHEETS（电子片）可以用锋利的剪刀裁切成任何形状。这对原型制作，不论是环形、方形、长方形等裁切，作为图形背光等应用都很合适。电子片可以连续投射180°的光芒，有8种颜色。

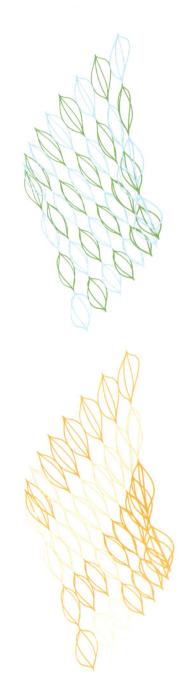

24_结构中被照亮的骨架。元件会改变其形状和颜色。

参考书目

[1]. J. Van Humbeeck. Non-medical Aplications of Shape Memory Alloys. Materials Science and Engineering A273–275, 1999: 134–148.

[2]. K. Otsuka, J. Van Humbeeck, R. Stalmans. Shape Memory Materials, 2000.

[3]. D. Vokoun, R. Stalmans. Recovery Stresses Generated by NiTi Shape Memory Wires. SPIE, 1999, 3667: 825-835

[4]. J. M. G. Fuentes, P. Gümpel, J. Strittmater. Phase Change Behavior of NiTiNOL Shape Memory Alloy. Advanced Engineering Materials, 2002, 4: p. 437-451.

[5]. M. Kawaguchi, M. Abe. On Some Characteristics of Pantadome System. General Lectures – Lightweight Structures in Civil Engineering. Warsaw, 2002.

[6]. M. Ebara, K. Kawaguchi. Three Dimensional Expanded Structures. Lightweight Structures in Civil Engineering. Warsaw, 2002: 217-220.

[7]. M. Ebara, K. Kawaguchi. Deployable Structures with Foldable Tubular Members 11 IASS Symposium 2001, : 334-335.

[8]. R. Kurzweil. The Age of Spiritual Machines. The Orion Publishing Group Ltd., 1999.

[9]. Behling, Braun, Bionic Skins – Natürliche Hüllen und Häute, Seminararbeit Sommersemester 2003, Institul für Baukonstruktion, Lehrstuhl 2, Universität Stuttgart.

[10]. B. Van Berkel, C. Boss. UN Studio, Move. Goose Press, 1999.

[11]. K. Oosterhuis. Architecture Goes Wild. 010 Publishers, 2002.

[12]. S. Felipe, J. Truco, Hybgrid. MA Disertation. Architectural Association School of London, 2003.

[13]. M. Hensel. An Evolution of Form- Finding as a design Method. Architectural Design, 2004, 3.

作者

派维·海迪克 Pavel Hladik
建筑师, NOLIMAT, www.nolimat.com
ArupSport, www.arup.com

合作者

达斯基 Filip Dubsky
建筑师 NOLIMAT, www.nolimat.com
布拉格捷克科技大学建筑所博士候选人
PhD candidate, FA CTU Prague

提拉伍帝凯 Veerapatt Teeravutichai
AA 伦敦建筑联盟 EmTech 小组, 2005/2006

顾问：

德拉基 Milos Drdacky
捷克科学院 Academy of Sciences, Czech Republic
维康 David Vokoun
捷克科学院 Academy of Sciences, Czech Republic
福洛里安 Milos Florian
布拉格捷克科技大学建筑所 FA CTU Prague

甲壳空间

这是一个展示居住特性的皮层形态学概念。这个概念是源于乌龟的甲壳,它既是该生命体的外在骨骼(皮肤),也是其居所(房屋)。

研究者:
欧玛·康
Omar Khan

詹姆士·布鲁兹
James Brucz
杰拉度·西皮恩
Gerardo Ciprian
夕·李
Si Li
德克·菲佛
Dirk Pfeifer
妮可·夏劳
Nicole Scharlau

欧玛·康(Omar Khan)是纽约州立大学布法罗分校的虚拟建筑中心CVA之共同总监(Center for Virtual Architecture at the State University of New York, Buffalo)。该中心的研究,锁定在建筑、新媒体与电脑科技的结合。其范围包括学习环境、设计环境、回应建筑(responsive architecture)、场所知觉媒体(locative media)。
www.ap.buffalo.edu/cva

欧玛·康也是刺激阈计划(Liminal Projects)的共同主持人,那是一个从事新媒体与新展演的建筑事务所。
刺激阈计划最近的一项计划是在探讨人工生态和回应环境(responsive environments)。
<www.liminalprojects.com>

自生建筑

我们对自生建筑感兴趣,那是一种能自我组织,与帕斯克(Pask)观念相关联的建筑。这样的建筑会展现出非线性、不稳定性,而最终产生适应变化的现象。我们在一般系统理论(general systems theory)、次神经机制学(second order cybernetics)、人工生命(细胞自动机cellular automata、基因演算genetic algorithms)、新媒体和表现研究的文献中找到启发。在我们的研究中,若当代建筑与都市学以时间媒介当作基础,作为理解空间诞生的工具,则会显得不完整。电脑程式码原有灵活的力量已经被软体工具给压抑,软体通常会预先决定最后的结果。模拟太过于抽象,然而再现又太过于具象。我们的处理方式是,以概念的方式由演算工具移转到演算环境。这个意思是,从数位/类比、可能/真实、再现/具体化的辩证中跳脱出来,进入一个虚拟与实体交相模糊的环境中。在其中,它们会处在经常性的变迁中,类似于帕斯克理论中的演变和适应行为之继承网络[1]。

虚拟建筑中心目前正进行的研究案,着重于自生建筑设计上之回应材质。我们采用的方式先锁定在那些会展现演化性质的材质上。弹性体(elastomer)在此方面是一个很特别的材质,因为它的化学性质展现出一种潜在的性能。因为它们是特别的聚合物次集体,其分子链是盘绕成圈的,让它们在未被损害之前,可以承受相当程度的

开放圆柱

1. 高登·帕斯克著. 内格罗蓬特的软性建筑机械中的机械智慧观点, 1976年。(GordonPask. Aspect of Machine Intelligence in Negroponte, N. Soft Architecture Machines, 1976.)

扭曲。当这种橡胶遭到扭曲或是延展时,其分子链会变得比较规则,因此也变得更加僵硬。在这里展示的两个环境设计——开放圆柱与重力屏幕,便利用了这个特性来构筑回应建筑。在它们从平面转为完全伸展时,其结构特性也从有弹性变为僵硬,从可变到固定,未定到确定。

传统中,橡胶在建筑构造中扮演的是次要的角色,用来帮助其他材料执行它们的任务:结构缓冲材料、装修材料、耐候材料等。我们的设计是要将橡胶当作主要建材,以建构大尺度的构造物。我们用不同支撑硬度的氨基钾酸酯复合物弹性体来制作我们的原型,其表面展现了多样的特性。它们是以物件导向程式设计(也就是OOP,object oriented programming)的方式来构思,其中物件类别(object class)在演变的程式计算中被动态地具体化。拥有参数变形的基本类别,在整体的架构中,扮演单元的角色。这些单元结合起来形成更大的结构,进而簇集再组合成更大的构成。在此,环境被视为演变型程式,而非最后的具体化。这在了解自生建筑的可能性上是非常重要的,自生建筑能提供住所同时又动态地与外在互动呼应,并产生演变的空间。

重力屏幕

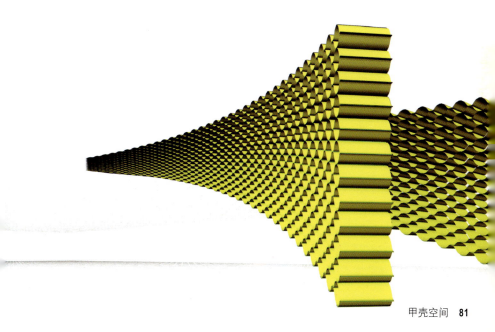

甲壳空间1：
开放圆柱

开放圆柱是一个可折叠的封闭体，它如同皮肤一般依附在空间中的顶棚与/或地板上。将它降下或升起便可以创造一个在空间中垂直延展的独立构造物。作为一种回应建筑，其展开可以和使用者（意识）即时互动联结在一起，或者和空间复合使用之偶发行为的演化编码（历史）联系起来。开放圆柱是人为的自动组织生态。此圆柱是反复用2in × 2in × 24in的杆子所组成，而杆子是由两个不同支撑硬度的弹性体所做成。从形式来说，每根杆子都是一样的，不过透过其中的两个橡胶组成体之间的参数关系，使杆子得以变形。其机械性能完全是靠这些材料的精准刻度，使其各部分能无缝隙地整体运作在一起。开放圆柱是一种适应结构，从扁平到伸展的单纯移动行为，在结构重复组织时可以表现出相当的复杂性。利用不同簇集手法以构成更大的组织中，会出现新的行为。影响这想法的关键理论不外乎帕斯克的对话理论（Conversation Theory）和参与者互动理论（Interaction of Actor's Theory），两者都对资讯开放但组织封闭的系统，提供思考其中关系演变的定理准则。

物件类别：杆子

开放圆柱的基础建构单元就是杆子：方形截面，24in长，无两端。其特殊的造型由不同组件构成，可以是硬或软的橡胶。就如同OOP中的物件类别，它是一个母体，可以依被指定的橡胶软硬数量，生成各式后代。此物体在X轴与Y轴方向上，也有与其类似的其他物体相互连接的能力。要具体化一个杆子，需要持续交替灌注85支撑硬

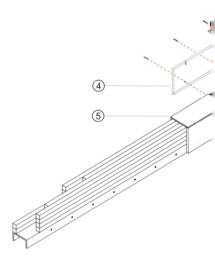

可重复装配的模具RCM-J，设计成可以让单一局部的制造，进行多次的灌注。杆子会连续由人工来重复装配，以创造灌注的虚空间。

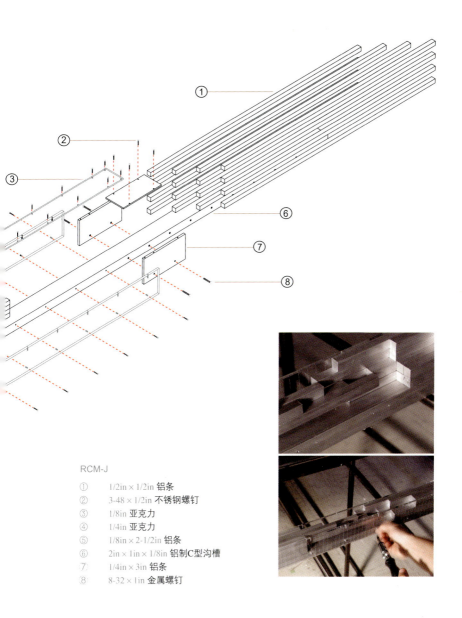

RCM-J

① 1/2in × 1/2in 铝条
② 3-48 × 1/2in 不锈钢螺钉
③ 1/8in 亚克力
④ 1/4in 亚克力
⑤ 1/8in × 2-1/2in 铝条
⑥ 2in × 1in × 1/8in 铝制C型沟槽
⑦ 1/4in × 3in 铝条
⑧ 8-32 × 1in 金属螺钉

度的硬橡胶和45支撑硬度的软橡胶，传统的铸模方式太静态而不适合。因为在灌注时，需要有重复性和混合性，因此唯一的方式是用可重复装配的模具(re-configurable mold, RCM)。RCM可以在不影响前次浇灌的状况下，让下一个橡胶灌注持续进行。特别为开放圆柱所设计的RCM-J，使用了32个变换组件，创造每次灌注的虚空间。物件类别杆子的所有可能变化都蕴涵在其硬体之中。

具体实例：分类

不同变异的杆子之效能方针遵守两个准则：系列的美学与结构的行为。美学产物是根据重复的形态发生而定，一如安迪·渥荷（Warhol）的系列画像一样，其中个别的元素相对于其邻近的画作与空间位置，反映出些微的变化。这让整体保有系统性，又允许了局部的变异。在杆子中，变异的基准与硬橡胶（绿色）和软橡胶（黄色）的多寡相关。橡胶的样式也就是颜色，会依RCM-J的配方而变。然后在每一件杆子施加同样的力量，以弹性刻度尺做结构测试。在最后的分类上，美学与结构的标准都会被考虑进去，以找出相配的元件性能以对应其在圆柱中的实体位置。杆子制作的另一方面，是其连接器也是灌注的一部分。这让重复的零件无痕地结合，在整个构造中保持弹性性能。

环境：丛集

回应是具感知系统之特性。开放圆柱并非一种复杂的人工智慧，是由中央电脑来控制其

所有零件都是用RCM-J制成。虚空间的痕迹可以在最后的原型中看到。下页照片从左至右为公接头、水平栓和洞接头、母接头。分类表显示出杆子顶端和底端的橡胶配方，绿色的是硬的弹性体而黄色的则是软的。杆子可以沿着其长度延展和收缩，黄色的部分越多，该部分的延展性就越大。另一个独特的性质可以从连接洞的橡胶组合的简单改变之力道研究中看出。左边的两组用了软弹性体，而右边的两组则用了硬的，其结果呈现在其角度和扭转的变形上。

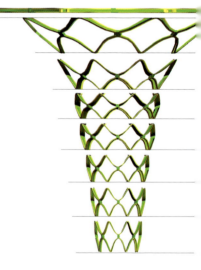

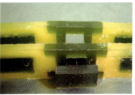

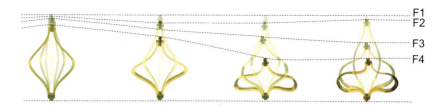

F1
F2
F3
F4

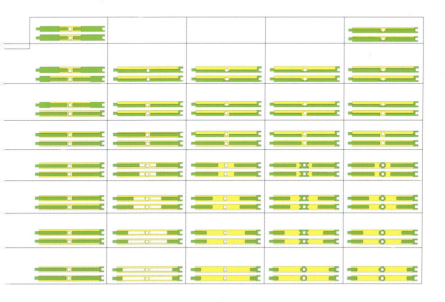

甲壳空间

行为，但却是分布在其各个部位之分散智慧的共同结晶。各部位有其小型的行为（延展和收缩），它们能接续发生，回应彼此的诱发。帕斯克的对话理论（CT）和参与者互动理论（IA）有助于理解这个机制如何发生。M个体(杆子或圆柱本身)间的相互作用会造成P个体(对话)的出现。P个体可以持续存在，只要M个体持续该特定相互作用。然而因其他参与者加入使得环境改变时，便会产生新的P个体，这会导致集体行为的演变，而且如果只根据元件的简单行为，其中许多是无法推论的。从另一个层面来看，这种严谨的系统可以作为每个元件材料设计的指导。研究丛集变化的可能性，可以让个别圆柱的分类被重新评估，还能重新校准每个杆子的材质编码，来让整体效能有更丰富的变化。换句话说，整体行为会反应回到构成每个单元的分子。我们缺乏较适当的词汇，但这种现象可以用材料智慧来称之。

参考书目

[1] Ashby, W. Ross. Principles of the Self-Organizing System11 Von Foerster, Principles of Self Organization. Pergamon Press, 1962.
[2] Gordon, Pask. An Approach to Cybernetics. Hutchinson & Co. Ltd., 1961.
[3] Gordon, Pask. Developments in Conversation Theory- Part 1. Journal of Man-Machine Studies , 1980 (13): 357-411.

分类进行中，丛集在各部位之间启动了一组演变的关系。圆柱(M个体)透过对话(P个体)与其他圆柱互动而改变行为。这些对话是简单的内文协议，不需要有环境条件的输入。在帕斯克的对话理论中，P个体被视为是动态的、有适应性，并会学习集体概念。一个P单独可能属于多个M个体，同样的多个P个体也可能属于单一M个体。

丛集分类

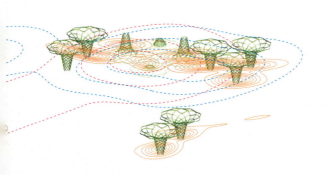

------- P个体1-突现行为之协同作用
------- P个体2-其他同时的协同作用
——— M个体-圆柱的材料行为

甲壳空间

甲壳空间2：
重力屏幕

重力屏幕是一个有深度的表面，重力效应对其材质样式的影响会表现在其形态上。它由两个不同支撑硬度的弹性体所组成，当该屏幕被吊挂时会呈现组织的形状。橡胶的弹性和高比重，让它作为一种自我承载的材质时，出现了特定的问题。然而当延展性材料受到过度的重力拉扯时，复合效应会使材质硬化。重力屏幕利用交错的安装硬和软的橡胶所得到的性质，来达成延展的控制。硬橡胶成为软橡胶的交错支撑物，而形成具有结构性质变化的表面编织物。一般而言，屏幕使用模组来维持样式连续性，当它们被重复时，模组会如实地反映出集体的性质。重力屏幕的模组有更多微妙之处，因为它们个别的行为不但会影响整个屏幕的外观，也影响了其结构和形状行为。屏幕是多个6in×24in的小块所组成，其模组无法推测整体的样子。相对来说，重力屏幕是个网络架构，其整体行为就是橡胶可变性质对于重力的反应。

物件类别：条码

屏幕是由一个新的可重复装配的模具(RCM-D)所形成，它使用了激光切割的样板作为模板。这些样板被装置到模具上，用以组合硬与软橡胶灌注的序列。软橡胶被充填在模具的整个区域，而硬橡胶则在其上方以条状样式充填。借由调整条状的宽度，模具产生松紧的编织样式。条状越宽，则样式越紧。这让我们得以在屏幕表面上，创造出不同的抗重力。模组被放进长宽12in×24in 的模具里，其深度不一，就看我们需要多少层，做好后

RCM-D在Z轴的延展性提供模组各种长度的可能性。这与传统屏幕之尺寸重复性截然不同，提供可预知的变换。RCM-D还有可变式样板，让其他物件类别在相同的设备基础下，仍可被配制。

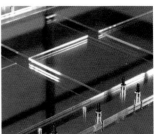

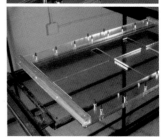

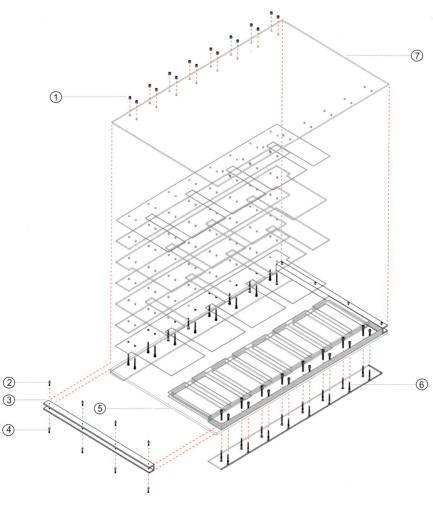

RCM-D

① 8-32 不锈钢螺帽
② 3-48 × 1/2in 不锈钢螺钉
③ 1in × 1in × 1/8in 铝制C型沟槽
④ 3-48 防松螺帽
⑤ 1/4in 亚克力
⑥ 8-32 × 1-1/2in 金属螺钉
⑦ 1/8in 亚克力

再将它切为一半。改变层的韵律，可以让组合不限于重复相同尺寸的物件。此外，每个模组单由其配方来取决其独特的表现，与其尺寸无关。接合彼此模组，需要建立一个摩擦力接合点，将一个物件放在另一个上方，然后编织一条薄橡胶穿过两者。重力屏幕最后的形状是其制作和装配过程的突现性质，完全仰赖重量与弹性之间对抗的微妙行为。

具体实例：分类

重力屏幕的半拱形设计，展现出这类建筑系统的造型变化。其分类期待创造一个整体的形式，其个别元件都在序列的形态生成范围中。如果将它分区成柱列，可看到每个模组有不同的条码浇灌，但有同样的深度（同数目的橡胶层）。这些灌注重复的沿着结构表面从薄到宽，形成了半拱形。在模组表面上所形成的松紧六角样式，是与材质张力交涉并在重力协助下，安歇形成最终的形态。屏幕本身就是一个有弹性的空间变异系统。其巧妙之处在于它们是可部署的，需要的时候便部署，不需要的时候便移除。但如果消失是最终的手段呢？如果屏幕可以调适自身以适应不同结构，增进与新空间的互动呢？重力屏幕很适合这样的系统，因为其材料构成可以套用在各种形状上。为了研究这些可能性，我们设计了一个特别的工具，可以动态地改动假设的屏幕表面。在AutoCAD中运行VBA script程式码，可以让设计师创造一个他想要的尺寸之屏幕，然后重复地改变节点，让整个屏幕重新配置。计算方式是依实际材料原型的测试结果所演出来的。这些配置可以用3D Studio Max的MaxScript来做视觉呈现，假设的屏幕可以被解构来产生实际建造屏幕时所需的条码配方。

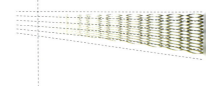

下方的分类显示硬橡胶在表面上灌注的调整。要进一步研究屏幕的配置，需要一个模组行为由六角形到四点方块的更简单的模型来行之。这个模型以程式语言写，是要用在屏幕设计的进一步重述上。

四点模型抽象图

这个模型抽象化为四点，用来强调在整体形式组织中，单元的互作用力。

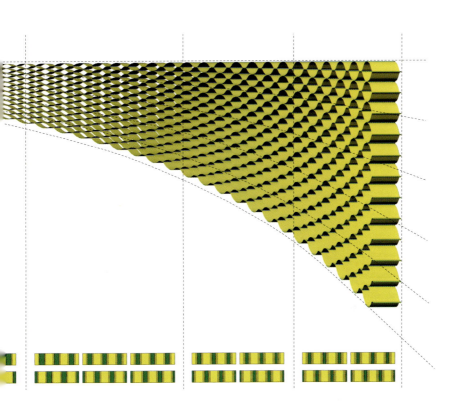

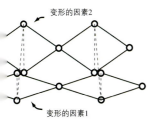

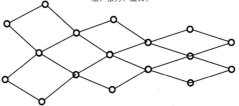

变形的因素2

变形的因素1

力量不均下的形态改变,造成每一点上的压缩、张力、旋转。

甲壳空间

环境：分割

重力屏幕是一个回应结构，它的形状和所表现的性质都是材料、构造和重力的直接作用结果。其回应性质是因为这些关系并非静态和普遍性的，而是不断演变的，也因此可被修改。与开放圆柱一样，其智能在于材料组成，但其变化性更加注重于反应环境力，而不是自我生成的。作为一个弹性体，它能垂直收缩（进入墙壁）和水平收缩（进入顶棚）。但它比较可能作为空间活动中的活跃参与者。它具适应力的形状，可以被理解为环境参与者之间崭新互动的界面。这样的状况下，它与其他参与者的对话会有开始和结束。作为一种墙壁类型，它可以由不透明变成具有渗透性，或从开放到闭锁。这些可能性提供了多种有用的行为（效能），可以运用在规划住宅、商用和机构空间中。作为一种自生建筑，机能也应该被视为一种突现的性质。

参考书目

Holland, John H.. Emergence: From Chaos to Order. Perseus Books Group, 1999.

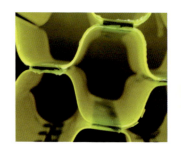

这些原型显示两个弹性体在屏幕中扮演的角色。硬橡胶（绿色）限制了自由垂挂的软橡胶（黄色）。多种屏幕重述可被生成，会展现不同的形态行为，并且伴随不同的突现机能。

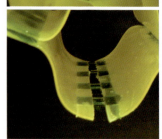

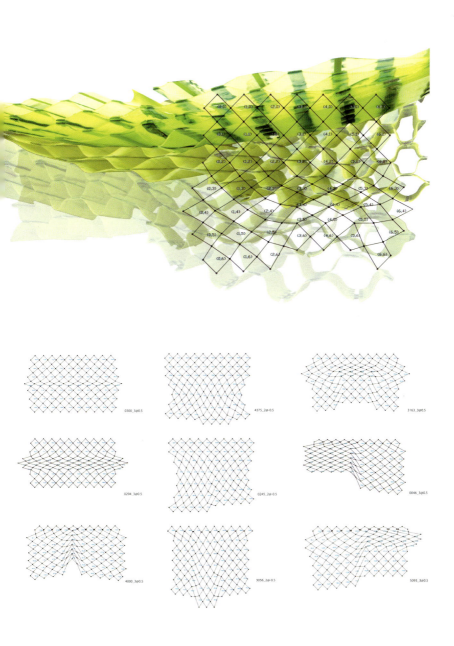

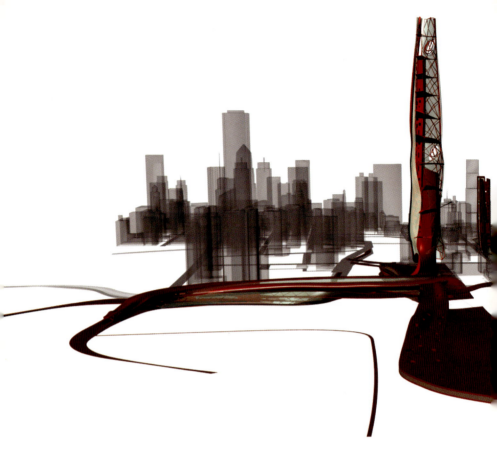

互动体

互动体是关于以下项目的变化：社会感知、新形式的工作和生活、生活环境多元性的增长、工作-生活-休闲的隔离，以及更进一步，社会群体的恐惧、孤立与隔阂所造成的疏离结果，迫使我们思考并发展一种新形态的共同体。互动体以自身具体化城市的连接，并由每一个个体界定，以一种彼此互动的六位体（sixBODIES）之概念来呈现。互动体的成长是奠基于对芝加哥既存的社会文化脉络之理解与反思的。

.wAS建筑都市设计

www.wasx.org

美国芝加哥

安东尼奥·派特洛夫
(antonio petrov)

.wAS 是安东尼奥·派特洛夫于2002年在芝加哥成立的跨领域的青年团体，成员包括建筑师、都市规划师和美术设计师。其主要实践焦点放在综合当下(moment)和反当下(antimoment)，物力论和同时性。派特洛夫目前在美国芝加哥的伊利诺伊理工学院(IIT)教授建筑与都市设计，他主要的工作与研究领域是发展各式"直觉-感官-回应-设计"之方法论的计划，当下与时间的结合，针对刺激空间的艺术性生产带来新的方向。

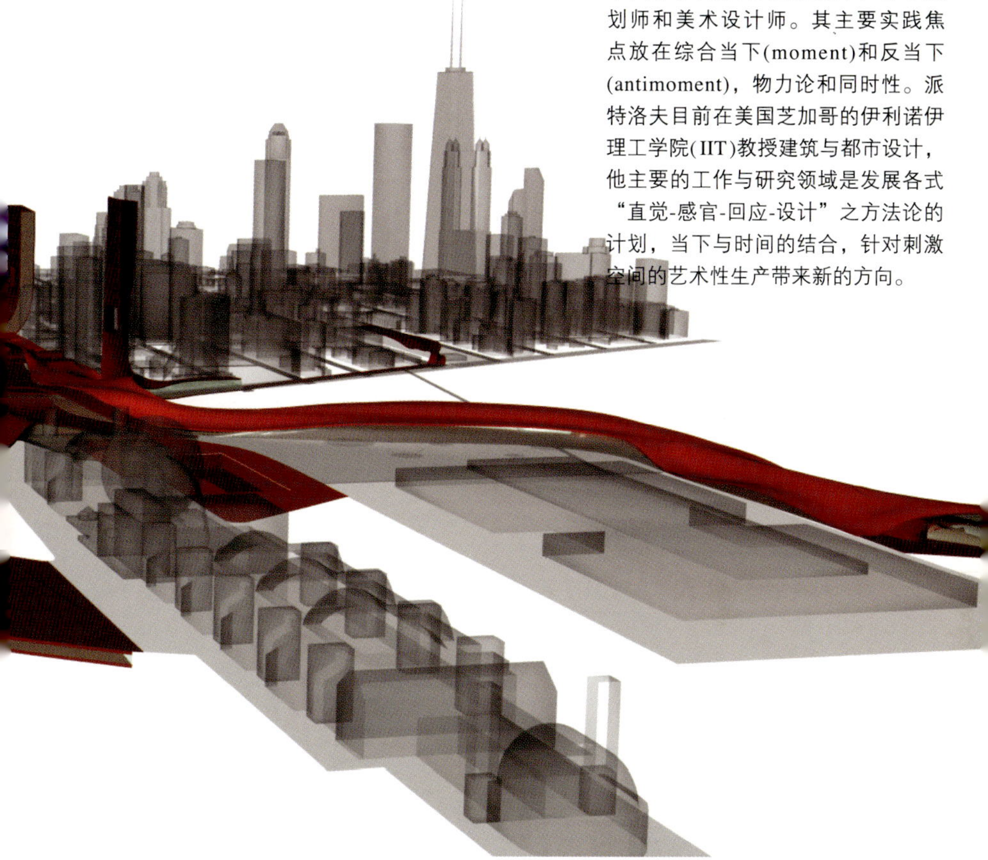

互动体的数据质地（datatexture）是根据芝加哥现有的质地而来的，这个设计是用人类、群众、交流、移动、生存、闲置这六大互动元素来表达，就是六位体。六位体就是主要的参与者（actor），其自身的参与者。它来自诸多事物，也在于其中，它定义了城市状态，并连接了想被连接的事物，重新连接需要被连接的，转移了必须被转移的。参与者与城市的主要自然资源互动，它反映出了现有力量转变为垂直的市景，如同自我转变的自我生产过程，它平衡了芝加哥社会与文化中的不平衡。平衡的体验需要可被意识到的存在，以大楼（tower）的姿态出现，反应平衡的本质和意义。平衡的力量被视为我们通过身体学习的运作，大楼是我们身体的一部分，用此垂直的市景代表了我们身体内所弥漫的基本生活经验。

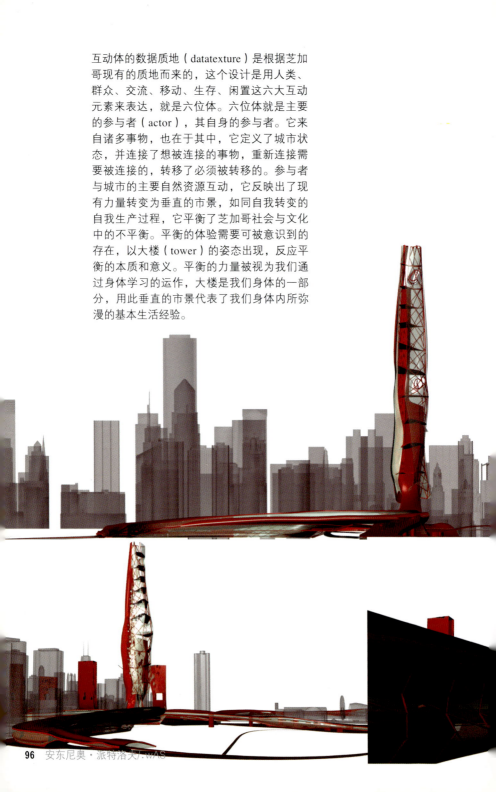

参与者是这个设计里的主要元素，它合成了可见的数据质地之流动过程，并定义了有自我特质和既有特性的互动元素。参与者是既有元素间互动的反应［群众、人、女性、男性、人类、交流、移动、闲置(内部冲突、外在出现)、生存］，它成为重新定义既有状况间互动的情况之引发者，并形成一个与自我间互动的主体（环境）。每个主体由三个反应性的区域所环绕，他们会互相排挤、吸引与互动。

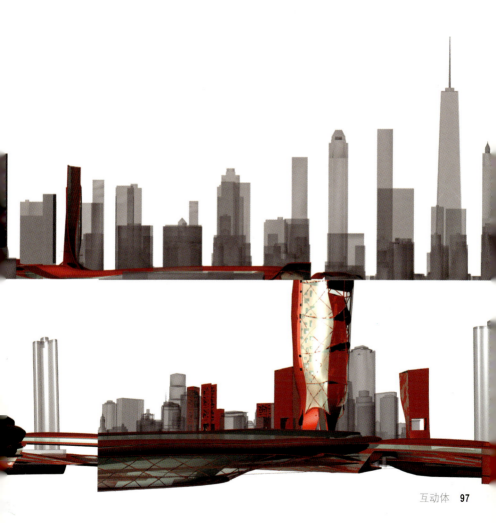

平衡和力量的经验对于我们世界中连贯的经验而言，是如此全面又绝对的基本，加上我们生活于其中，因此我们几乎很少意识到它的存在。我们几乎从未省过平衡和力量的本质和意义。我们必须了解，平衡是我们从身体中学习到的一种运作，而力量则是意义的网络。我们把力量视为理所当然，并忽略了他们互动的运作与效应之本质。力量牵涉其自身，作为一种决定、实质出现和感知的过程。力量与其交流无法脱离主体，无法超越实体的微循环相依性，作为决定过程。

六位体市景数据质地

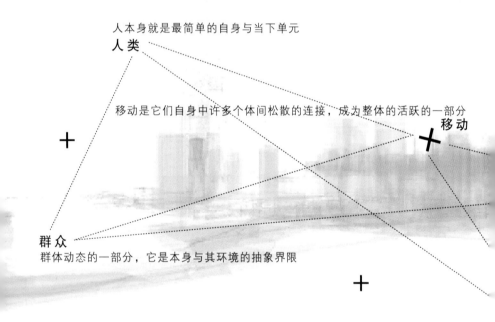

said...
nEW LANDscape: it is almost impossible not to think of Patrick Geddes when I read the text of Antonio. (I guess most

on our design ..
nion the way
to me they 10:29 PM s have
inteact sarra said... for
on our and the new about the way agree story class
desi landscape these pro- the a with the the
gn .. gives us a the way meet zenovia in y
the extra third pos- the with the section'
way dimension als of the we relation- xt.)geddes
they which i the the live ship btwn one of
inte- personally class(sho us our the fathers
act did not maybalways be history town
the consider e consid history text and nning
way 3:08 PM mine ered in what we 1st
the zenovia said: hol) our are british to
mee after the talk at the doing fact the
t the 交流 the desig a quote use of
way we had in con- and the from our landscape
the class i think cept new history rchitect as
live can see eve dialectics xt his profes-
shol like a [re]defining urban space the kind he is
                  elasticity   famous for
                    interactive bodies
置   how do we respond   生存
在者   divers.city
                     .form from fact

+ + +

互动体 99

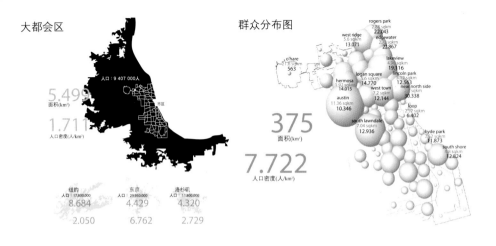

大都会区

人口：9 407 000人

5.499 面积(km²)

1.711 人口密度(人/km²)

群众分布图

375 面积(km²)

7.722 人口密度(人/km²)

纽约	东京	洛杉矶
人口：17.800.000	人口：29.950.000	人口：11.800.000
8.684	4.429	4.320
2.050	6.762	2.729

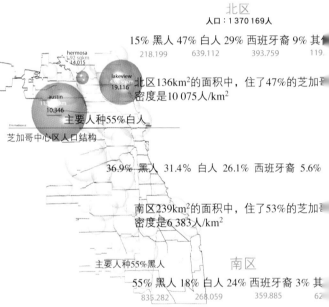

2002年住在芝加哥中区的人口中，有23%出生于国外，77%则是本国出生，其中有76%是出生于伊利诺伊州。2002年生活于芝加哥市内大于5岁的居民，有36%在家里会说英语以外的语言，而其中有69%是说西班牙语，而剩余的31%是说其他种语言。在其中又有47%的比例英文说得不太好。芝加哥中区有15%的芝加哥总人口住在11%（41km²）的区域，平均人口密度是10 633人/km²，这显示出该区的社会文化多元性。

北区
人口：1 370 169人
15% 黑人 47% 白人 29% 西班牙裔 9% 其
218.199   639.112   393.759   119.

北区136km²的面积中，住了47%的芝加哥
密度是10 075人/km²

主要人种55%白人

芝加哥中心区人口结构

36.9% 黑人 31.4% 白人 26.1% 西班牙裔 5.6%

南区239km²的面积中，住了53%的芝加
密度是6 383人/km²

主要人种55%黑人

南区
55% 黑人 18% 白人 24% 西班牙裔 3% 其
835.282   268.059   359.885   62

奥斯丁区
117.527
4.8 % 白人
4 % 西班牙裔
89.7% 黑人
1.4 % 其他

荷摩莎区
26.908
2.4 % 黑人 4% 西班牙裔
11.5 % 其他
8.4 % 其他

湖景区
94.817
4.4 % 黑人
8.7 % 西班牙裔
79.5% 白人
7.4 % 其他

CAPITAL ENVIRONMENTAL ATTRACTION

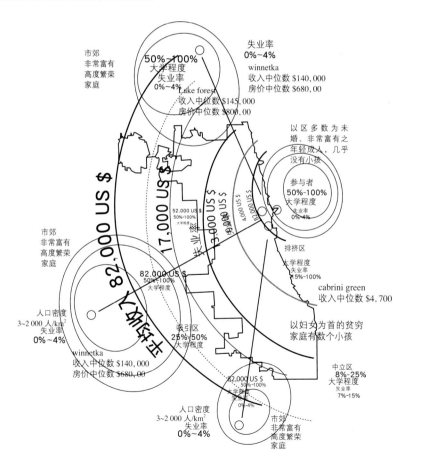

现状了解

现状,数据质地在垂直和水平的各层面上的交换变迁,在新形态的垂直市景中相串联,并融入既有状态。自然的变迁定义了水平和垂直的空间,其主体自身与环境互动,并成为从既有状态中衍生的形态与功能之来源。

安东尼奥·派特洛夫/.wAS

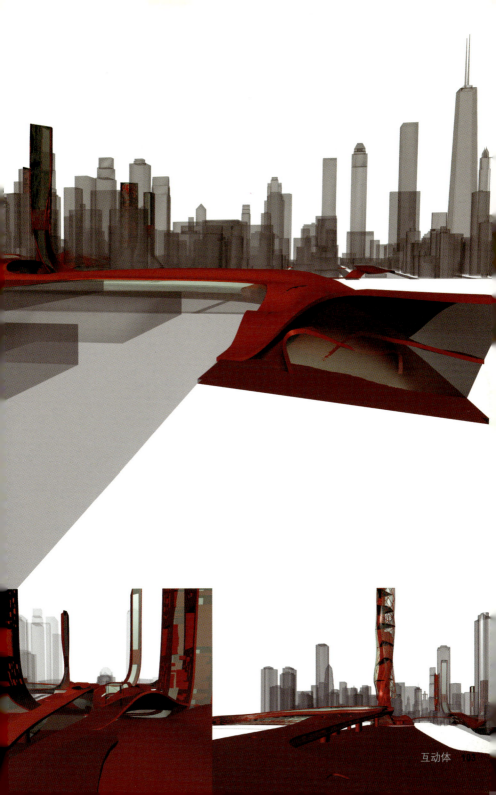

芝加哥蓝空间与绿空间之实体关联

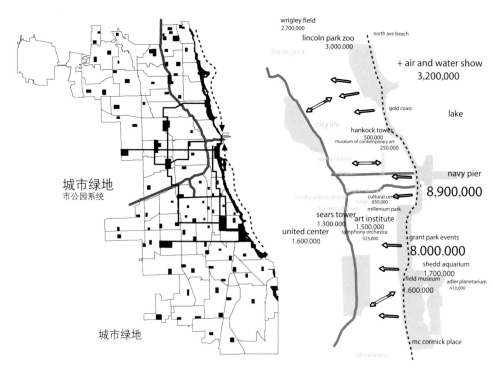

芝加哥市内各公园之面积

城市大道系统之连接
脱离于都市质地的观光与自然连续性

吸引 > 由于参与者之特性之吸引，使外在多单体成为单一体。排斥 > 正面负面事物为外在吸引过程提供了舞台。如果没有了单体，便没有吸引的目标，因此这是个自发的转换过程。

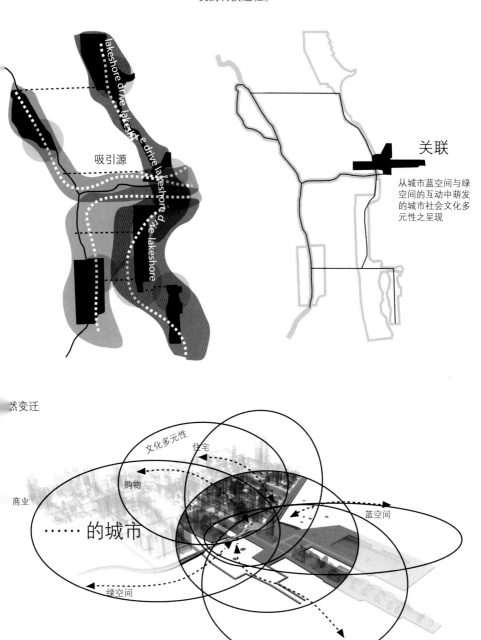

互 动

文化多元性和垂直互动与交流（六位体）连接并平衡了数据质地的变迁，并在整体中定义出一个新空间。

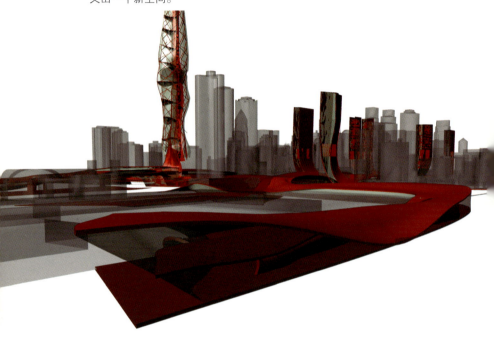

新连接
进出城市的成分流

新吸引点
既有状态变形为新的三维吸引点

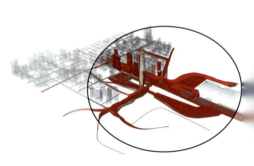

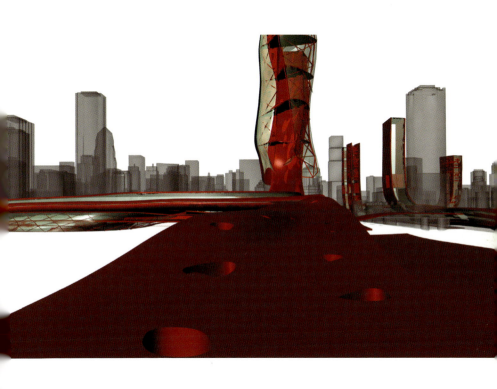

:征
新入口,重新建立莅临芝加哥的原来观点

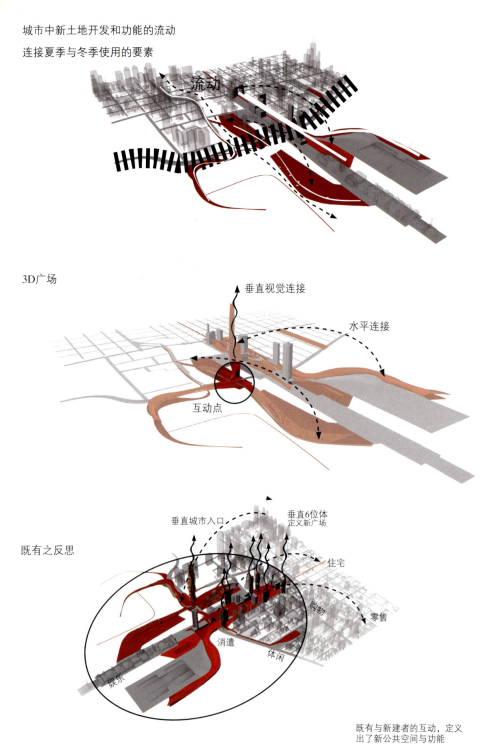

新连接物
新土地建构发展

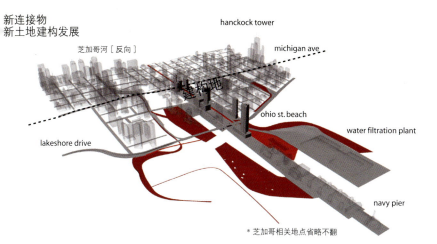

连接与互动

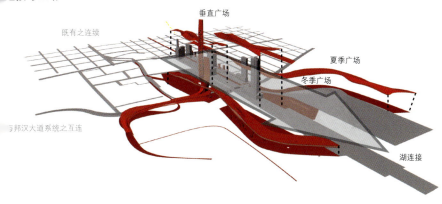

定义空间
多动定义公共空间

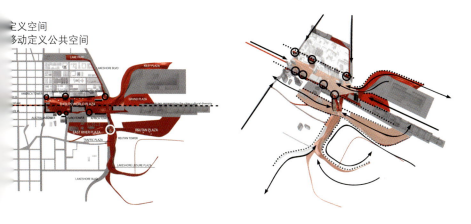

连接平衡

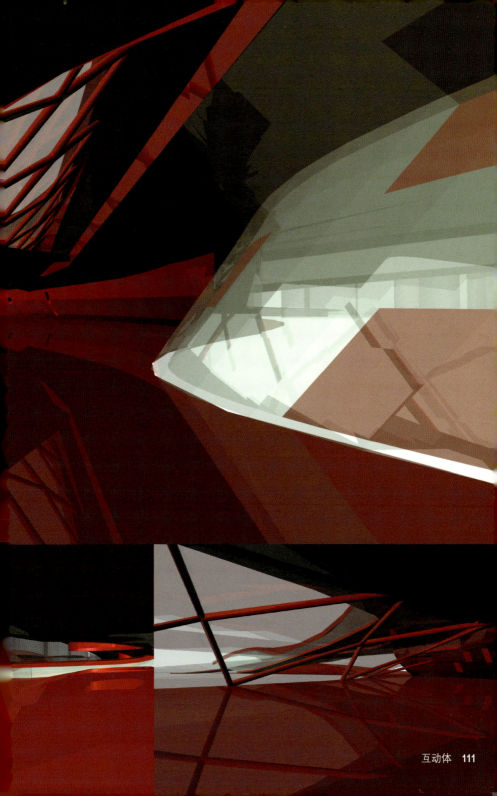

世界广场

互动与交流的垂直体（6位体）定义的空间动态主体，会在整体脉络中与它们自身互动。

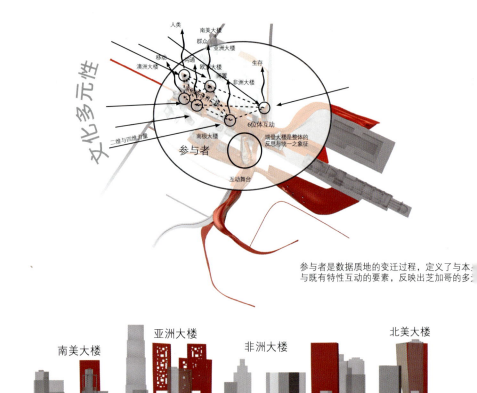

参与者是数据质地的变迁过程，定义了与本
与既有特性互动的要素，反映出芝加哥的多

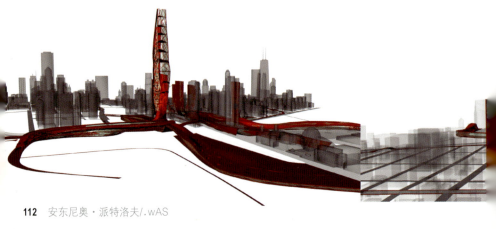

广场-移动-公共建设
进出城市之流动层3D地形图

力量、移动和公共建设互相作用,并创造出连接城市与湖泊的空间与广场。

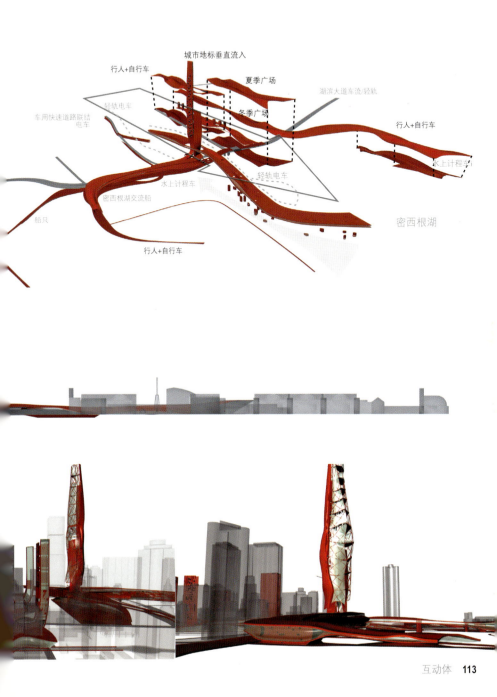

110层综合使用瑞登大楼
南极大楼
世界生态资源展览之环境中心

这些设计会在主要城市的中心找到定位——例如纽约的时代广场或柏林的波兹坦广场（Potsdamer Plaza）——并成为全球性的认同与互动的立即象征。广场和其他地点是文化、空间和互动的新连接。从古老希腊时代起到第三个千禧年，互动体即时地透过空间，具体化浮现在交流与互动领域中之新科技，在芝加哥与六大洲的脉络里。这些大楼本身就代表了城市里多元的族群与世界上不同的个人作虚拟的交流。这种新形态的互动与交流将芝加哥串联起来，并展现出城市与其设计想要借由交流与互动来达成统合的意图。

世界投影幕
及时互动与交流

索罗斯世界广场

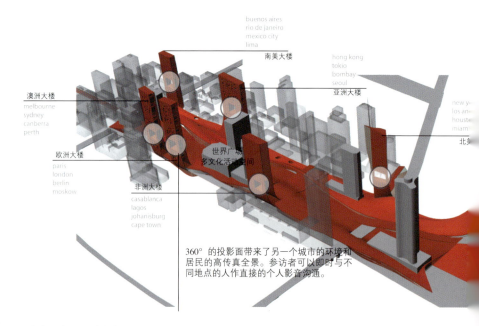

buenos aires
rio de janeiro
mexico city
lima
南美大楼

hong kong
tokio
bombay
seoul
亚洲大楼

澳洲大楼
melbourne
sydney
canberra
perth

new york
los an
houste
miami
北美

欧洲大楼
paris
london
berlin
moskow

非洲大楼
casablanca
lagos
johansburg
cape town

世界广场
多文化活动空间

360°的投影面带来了另一个城市的环境和居民的高传真全景。参访者可以即时与不同地点的人作直接的个人影音沟通。

114　安东尼奥·派特洛夫/.wAS

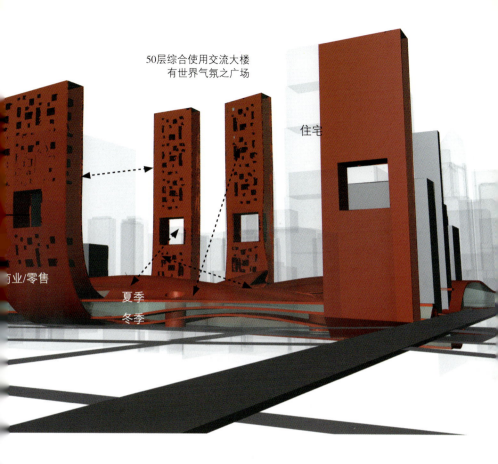

50层综合使用交流大楼
有世界气氛之广场

住宅

商业/零售

夏季
冬季

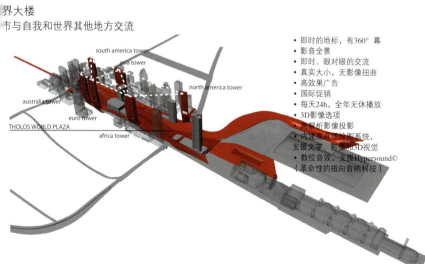

界大楼
市与自我和世界其他地方交流

south america tower
asia tower
north america tower
australia tower
euro tower
THOLOS WORLD PLAZA
africa tower

- 即时的地标，有360°幕
- 影音全景
- 即时、眼对眼的交流
- 真实大小，无影像扭曲
- 高效果广告
- 国际促销
- 每天24h，全年无休播放
- 3D影像选项
- 高解析影像投影
- 内建高画质绘图系统，支援文字、数像和3D视觉
- 数位音效，支援Hypersound©（革命性的指向音响科技）

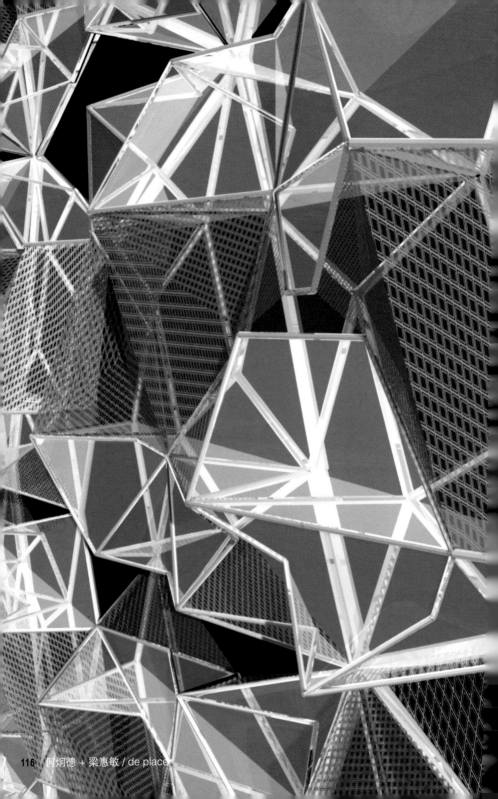

暂生都市主义

暂生都市主义 是用非永恒的观点来处理都市事务。它收集暂时主体并将它们整理进一个暂时的网络中，于是一个新的都市调节器，从该网络中个体生命期与不连续空间的整合之间累积产生。最后，形式的时间限制成为回应活泼性的催化媒介。

***de place*（土也酉己）事务所** 由何炯德与梁惠敏于2004年创立。其研究焦点包括动态都市议题的重新拼像；透过数位与实体工具所发展出的都会原型之组织与成形。"回应活泼性"是该事务所在建筑演进上研究的重点之一。

I. 样式之上[1]——都市模型

1. 都市流变[2]

　　城市是一个从生命力量中呈现出来的样式。在城市中有不同的运作能量，如电流、音波、红外线辐射等，在城市间流动；不同的情感表现如爱、恨、恐惧或嫉妒也四处散布；不同的移动如通勤、运送、旅行也将不同的区块连接在一起。这些力量与其他的力量各自运作，并依照各自的逻辑互动，让城市变成了有生命的有机体。城市就是活的样式，当力量随着时间而重整时，新的关系便会留下痕迹。

　　所有事物都可能是都市动态的表征。展现运作系统踪迹的事证，不受人类感知的限制。比如说，便当是台湾上班族典型的午餐选择，便当相当方便、经济而且有多种选择。便当除了带来好口味之外，它也是一种不同都会服务网络的痕迹。不同的食物可以回溯到不同的服务圈。每一种便当都包括了不同食物系统间的汇集。便当也跟供应系统息息相关，并反应城市的变化。台湾在夏季台风来袭时，蔬菜产地会遭受严重的损失，这会让便当里面少了许多绿色蔬菜。此时的蔬菜会比肉类更贵，因此主导价格的菜色会从肉类转移到绿色蔬菜上。而当家畜疾病如禽流感或口蹄疫来袭时，肉类食材的需求便因为安全的考量而被自动转移。这个现象显示出都会的动态，便当就像是一个水晶球，能让人们看到都会的流变。

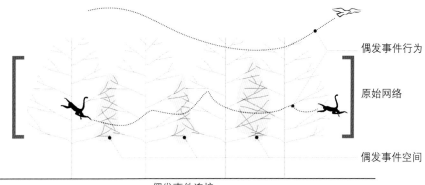

偶发事件行为

原始网络

偶发事件空间

偶发事件连接

2．超级网络

　　城市就像一张交织的网，城市中每个情境都彼此相互纠结在一起，就像编织网子的线绳一样。网子是数以千万计的线之综合体，其表面构造层次也高于线绳，但它并非权力结构中的关键。相反的，每条线绳才扮演了关键的角色。每个情节和事件之合体才勾勒出城市的故事。每个情节都是独立且能够与他者相牵涉的。另一方面，城市的演进不可能与科技和其背后的运作系统脱离关系。嵌入城市中的科技，引发了跨界的情境。随着科技的发展，各情境不断地一再交相纠结，最后形成高复杂度的超级网络。每件事物似乎都连接在一个连锁关系上，并在不同的轨迹下被展开。在这样的状况下，超级网络中的个体之间产生了一个表达其关系的动态性质，即偶发事件[3]之发生。

　　在依照计划蓝图所设计的都会网络之外，有另一种都会网络存在。那是由偶发事件造成的设计副产品。偶发事件是偏离主干的分支，偏离主道的岔路，它形成了另类的可能网络，在其中新的关系在未预期的状态下成为原有设计的副作用。以下是预定计划与偶发事件间的一个例子。台北火车站扮演了都会运输系统的中枢角色，其中有许多地下街和通道交相连接，成为车站底下的走道网络。它们原本是设计来方便通勤者在不同的运输系统中转乘，以便在尖峰时刻运送大量的捷运通勤族。它在原本目的的调节上得到成功，而另一方面它在偶发事件上也得到成效。在夜晚或是有风有雨的日子里，有些通道成为了流浪汉的庇护所，甚至有些通道已经完全成为他们的家。这样的演变完全出乎原来的设想，偶发事件让这个状况成为事实。偶发事件构成一个潜在的网络，潜伏在实体之下，它们所建立的意外让城市以一种更动态的方式演变。

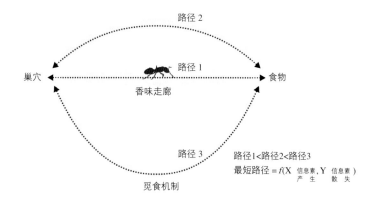

3. 可得的不可得性

　　都会运作系统之时机、规模、构成等事物，常常超越人类的感知，无法认出在变动之后的趋势是什么。因此结局往往是面纱遮掩住都市的片断，带来扰人困惑。人们眼前所见的，是周遭经过的多样片段的综合、混合或融合。很不幸的，只有受过训练的眼光，才能够眼尖地追溯和拼凑出其中各种工作系统在各层次中的作用。大多时候，事物都像是海市蜃楼般在我们眼前飞过，人们只能看见整体中的片段，而问题是人们怎么从眼前所接触到的片段中得知无形的趋势？

　　城市的复杂发展造成了混乱、失序与混淆。它是否只是一个无法被理解的无序复杂体？或者有无任何可能性，其中有一个尚未被拼凑出来的，被有组织复杂性所遮掩的隐藏规则？从蚂蚁行为模式的发现中，可能帮助我们建构一个都市复杂性的新模型。蚂蚁是如何能找到通往食物的最短路径一直是个谜，直到科学家发现了信息素这个神秘的物质。那是一种蚂蚁沿着找到食物的路径所分泌的一种化学物质。信息素的味道是引发其他蚂蚁一同加入觅食行列的关键。其味道越强，所吸引来的蚂蚁也就越多。根据这个简单的逻辑，距离食物的距离越短，蚂蚁留下信息素的频率也越高。因此两项交缠的逻辑造成气味愈强的走道，会吸引愈多的蚂蚁，从路程较长气味较淡的路径，移转到这条路程较短气味强的路径上。蚂蚁有效觅食的现象看似神奇，而人们也赞叹蚂蚁是如何发展出这样的能力，而答案就仅仅是信息素。食物与蚁巢间的复杂路径样式是从简单的法则中得来的。高等的形态源自于低阶的行为逻辑。因此城市中不可触及的复杂性也许是从许多可触知的逻辑所构成的。这种复杂性是可得的不可得性。而它之所以会变得不可得，是由于其逻辑内运作的机制。

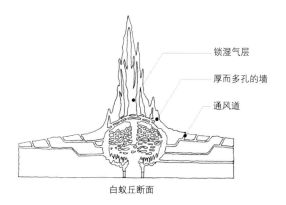

白蚁丘断面

4．编织结构

　　发生样式的结构取决于组织整体的各个成分之间的关系机制。这个机制存在于一系列不同成分间的排列规则中，在其中事物被成功地组成各个系统来达成更高级的目标。除了产生现存的样式外，这个机制也有助于新样式的演进。涉及新生成样式的成分在某种程度下，脱离了他们所属的组织，而与来自其他地方的成分构成一个新的有机体并有着新功能。它将新的样式与其繁衍同时具象与实现。在原组织与转变之间的分离，并非实质地分开，而比较是一种通往演化的质变。

　　各式机制存在于自然界的力量中，大自然借由这些机制展开其演化。在"演化建筑"[4]上，崔悦君（Eugene Tsui）提出过几个动物用来适应自然环境而演化的机制。在非洲沙漠中，白蚁为了抵挡气候的威胁，便用当地的土壤与其唾液以建造蚁丘，以又硬又厚的墙壁来将湿气锁在内部，并将热气隔绝在外。通风道系统让空气得以在蚁丘内循环，且蚁丘墙上有许多通风孔。白蚁能将自然资源组织得这么巧妙，着实令人讶异。除了在自然界找到的行为机制外，也有一种与生俱来的机制存在，编织着生物与其环境之间的样式。鲨鱼在游泳改变方向或加速时，其体内的压力会产生剧烈变动。为了要调适体内增加的压力，一系列的螺旋纤维强化组织被演化来包覆鲨鱼的身体，这些组织与其脊椎连接，可用来抵挡压力所带来的变形。这种自然机制巧妙的结构和再次结构，启发了都市冲突解决方案的编织策略。

II. 样式之下 — 事件模型

1. 动态现象

在全球化所带来的强大影响下，新的商业策略在新的经济趋势下不断应运而生。不管你喜不喜欢，或是这个趋势会带来何种结果，其重点是要将全球视为单一的市场，并从中得到最大的利益。诸如有弹性、行动式、动态等概念都已经深深影响了我们的日常生活。为了要降低经营支出，市场上的临时工作变得越来越多，而固定的职位则越来越少。一台车子的元件是分别在不同国家生产的，而非在同一地生产，这个概念是要利用当地资源，以最低的预算，达到最高的价值。人们在本地的市场中，买来自世界另一端的海鲜、肉类和蔬果。同时间，这也代表了疯牛病与口蹄疫也随之散布全球。我们身处在一个由动态原料组成的世界里，这是一个当代城市必须面对的问题，因为其中带来的好处和坏处都是极大的。

城市里的动态强度比起以往更加纠结，因此新的都市状态也随之兴起。随着都会环境的变质，数种与活泼性相关的新都市状态出现，包括临时性、行动性、暂生性、机动性等，都在都市网络的时程上，开展运作的转移。以时间为基础的事件空间不再是静态的，因为它们必须回应环境来作调整。根据都市流动的时间地图，空间与事件会重构其形状来适应新生的状态。

在台北，淡水河和基隆河的防洪闸门外的河岸，都被开放供市民休闲使用。除了休闲以外，部分的河岸地保留给汽车免费停车使用，这缓解了市区内的停车位压力。大多数的时候，河岸的停车位的确缓解了停车的压力，但当台风来袭时，河岸区的车子会有遭淹没的风险。换句话说，该区在台风天时，是车子的危险区。如果下水道系统也在同时间出了问题，那市区内的停车需求便大增，这对城市而言是个紧急的混乱状况。为了要解决这个紧急问题，政府开放高架道路让市民合法停车。高架道路原本是建来调整交通流量的，但在这个特殊的情况下，高架道路不再需要扮演交通调节器，因为街头的交通量很小。此时高架道路变成可以调整功能的闲置空间，可以弹性地改变成临时的停车场。一大堆的车辆可沿着高架桥停放，而形成一个空中停车场。讽刺的是，不同的政府部门面对台风有着不同的处置方式，在台风来临的前一晚，交通警察依然会满街跑，对停放在正常停车位上的车子开单，而同时市政府已经宣布高架桥可以合法停车。当台风一离开后，所有停放在高架桥上的车辆都赶紧去移车，以免受罚。突然之间，大停车场变回了原来的功能，而城市的运作也慢慢复原。台风时期暂生的海市蜃楼结束了，消失得无影无踪。

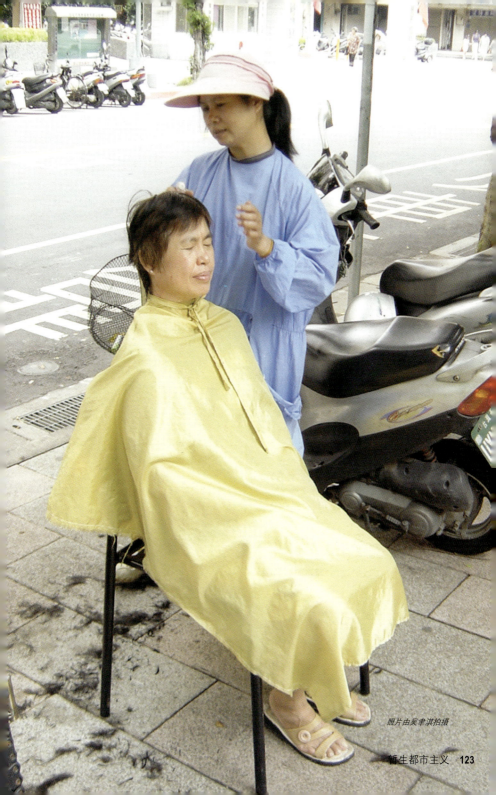

照片由吴聿淇拍摄

2．隐藏的潜力

我们所处的世界是很有活力的，我们可以达到更远、移动得更快，或是更快速适应改变。另一方面，这里面还有个隐藏的世界，它被包覆在动态现象的表象下。隐藏的世界因为其特殊的功能机制，而跟日常使用者的生活范围脱节，但它实则与我们的日常生活紧密相连，诸如光纤网路、下水道或是垃圾场之类的公共建设。人们虽然看不见它们，但生活却与之息息相关。它们原本扮演与正面空间相对的负面空间，但是越来越多的概念证明它们并非纯粹的服务设施。事实上，它们可以作为帮助管理城市的潜在资源。随着能源短缺危机浮上台面，许多科学家都在研究如何从我们周遭环境中的废弃热能、振动能中汲取能量。除了其实质的潜力，公共设施也在组织优势上扮演了重要角色。在都市网络中，公共建设提供了各种都市流动一个汇集、交换和产生新流动的平台。公共建设不再是传统中其他系统的子系统，而是一个能自动调节其内容流动的网络。

除了用实体和组织的观点来看都市潜力外，任何都市发生的时间过程都可能是一种潜在的资源。大多数过程所得到的重视度远不及其结果。但是在这个动态的环境状况中，过程是否被孤立于结果之外呢？其答案在愈活跃的大都会上，得到的答案是愈加否定的。在日本，出版商将他们的书再版为口袋大小的版本，让通勤群族方便在地下铁内阅读。而现在这个想法已经遍及世界各大都市。在伦敦的地铁站中，广告板一个接一个挂在手扶梯旁来吸引人们的注意。大多数计程车与巴士在市内巡回时，车身也都被广告包覆。从出发点到终点间，存在一个直线或曲线路径，其中也存在有利用可能的闲置空间网络。

1. 根据Collins COBUILD字典，"样式（pattern）"这个字的含义是"事物以重复或规则的方式来发生或安排"。史蒂芬·强生（Steven Johnson）所著的《突现（EMERGENCE）》中说到，pattern也指形状或构成，在复杂系统中由下而上从相对简单的规则里出现。在这里pattern被用来指涉在动态都会混乱中，由社会行为所导致的可供识别之都会安排。
2. Bunshoten, Raoul. "CHORA Manifesto", DAIDALOS. (Berlin Architectural Journal), 1999(72): 42-51.
3. Wikipedia对"偶发事件（contingency）"的解释是："偶发事件是可能会发生的事情，但不是预期中的。为偶发事件预作计划的动作称为防卫性设计。原本偶发事件是很难预测的，难以捉摸的偶发事件形成所谓的莫菲法则。"偶发事件理论通常是用在商业管理控制上，以因应动态经济状态。这里的偶发事件是指动态都会复杂体中不可预期的遭遇。
4. Eugene Tsui. The Evolutionary Architecture. New York, John Wiley & Sons, Inc., 1999.

影像由叶长安拼贴合成

III. 生殖样式——领航计划

1. 暂生[5]都市主义

  暂生都市主义是用时间的观点来看待都会议题。都会议题是一系列等待被重新拼像的处置过程。在都市议题中，暂生主体系统在以时间模式所建构的都市样式中，扮演了关键角色。它在一段短暂时间内从开始到结束，并继续移动到其他地方。它所带来的戏剧化现象，是基于它对所观察中的运作过程之理解，和所产生的想像力，用来传达原始状态[6]。暂生中所谓的永恒并非一个静态的模型，而是一个在消除和启始之间不断重复改变自我与周遭关系的连续时间系统。它一直都存在，但永远以不同形式呈现，它是暂生的、弹性的、动态又偶发的。

  建筑物总在完成时才具有身份。建造或拆除的过程，总是躲在表象之后。因此建筑工地在它施工的过程中，通常都被视为一块隔离的区域，并在完工前从城市的记忆中移除。虽然建筑工地会从城市地图上被移除，但其影响依然与我们城市日常生活息息相关。人们必须从日常的路径中绕道，忍受其噪声、震动和其他污染。人们虽然故意不去看见工地，但影响却是实质的。此外，在城市演进时，也会将某些地方转换成工地，工地是经常在都市中出现的。同时，在工地内也会有许多闲置空间，尤其是在休息时间内，由于其经常性的存在，故建筑工地的使用蕴涵许多可能性，可以满足许多紧急的都会需求，诸如难民收容或其他服务。

拿工地作为例子，暂生都市主义通过展示建筑建构过程，改变自我角色来降低其负面效应，并对都市环境作出贡献。首先，本计划对营造的时间作了一翻深入调查，以分析可能空出来做进一步拼像的空间与时间。建筑工地根据其工作性质的时间、环境和影响分为三种类群。A类是新建工地，B类是翻修工地，C类是街道工地。根据它们不同的暂生主体，都会管理方式可以演进出新的系统机制。当数以万计的工地透过一定的改良而串联在一起时，它们可以吸收额外的都市流动进入同样的功能机制中，像是利用工地中的闲置空间来充当储存和交换的都市物流系统，或是将脚手架转换成紧急危难用的庇护系统。所有介于原机制与衍生机制间的转换都是经过仔细拼像，反复试验直到可以成功地运作为止。若要扩大影响范围，融合程序必须找到其他可能的参与者来参与计划内容。因此，个别的工地被连接并改造成一项公共建设，并转移到较高的都市层级上来处理较复杂的都市负担。有了暂生主体的帮助，城市管理可以更加机动。

影像由叶长安拼贴合成

5. 根据《先进建筑字典（the metapolis dictionary of advanced architecture）》暂生（ephemeral）的定义如下：……Ephemeral 是一个动作或事件的存续期，在主要状况下是在单日之间。Ephemeral 延伸的意义代表短暂、快速、非永久或不稳定的延伸，短期间的现象、表现或创造物。

6. Bunschoten, Raoul, Metaspaces, London: Black Dog Publishing Limited, 1998.

闲置空间与时间分析:

工地A (新建工地)

伦敦地区每年的新建工地数量大约是10 337.3个。
不定的休工时间相当多变并依照不同年份和地方而不同。

英格兰与威尔士:
2004　　Jan 01　Jan 09　Apr 12　May 03　May31　Aug 30　Dec 25　Dec 27
2005　　Jan 03　Mar 25　Mar28　May 02　May30　Aug 29　Dec 25　Dec 26
2006　　Jan 02　Apr14　Apr 17　May 01　May29　Aug 28　Dec 25　Dec 26

工地每日正常停工时间每年至少可以提供3 000h供公共使用。
6:00pm 到 6:00am= 12 h/日

12 × [(5 × 52) - 10]

　3000 h/年
= 125　天/年

工地正常的停工周末:
圣诞节与新年
复活节
(2 × 52)

　104 days / year

在放圣诞节、新年和复活节长假时,不同可能的机能可以放进工地里。
筵席街友 ……
社区活动 ……
跳蚤市场 ……
博览会 ……

在工地边墙建立后,周围的人行道和其上方的空间可以用作:
仓库
职员宿舍
临时收容所 ……
店面 ……

在工地开挖前,该空间可用作:
影展 ……
马戏团 ……

如果新建筑工程庞大,其至部分街道也会被占用。
一年内可提供的时间: 225天

工地B (翻修工地)

伦敦地区每年的翻修工地数量大约是35 640.4个。休工时间与工地A相同,包含不固定时间(如银行假日)、每日固定时间(5pm~6am)、每周固定时间(周六、周日)、长期(如圣诞节)等。

跟工地A不同的是,工地B内的闲置空间比较局限,主要是脚手架与走道的用途。

工地C (街道工地)

伦敦地区每年的街道工地数量大约是12 960.7个。

休工时间与工地A、B相同,但其施工期间较短,大约是数天到一周之间。另一方面,其工地是活动式的。其寄生空间会随着道路施工机具前进。当机器移动时,寄生者就会跟进占领该空间。它负载着施工需求与其他机能内容在城市里游动。

1.各种工地的时间表

2.都市工地分类

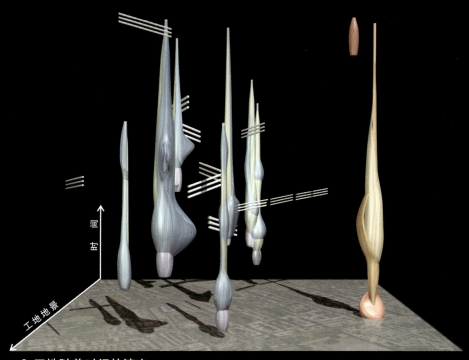

3.工地随着时间的演变

从伦敦里切割出UCL大学学院附近的区域当例子,记录工程地景与时间的关系。将每个关键的工程阶段用特定颜色来标示,就能清楚辨识工程演进的特征。

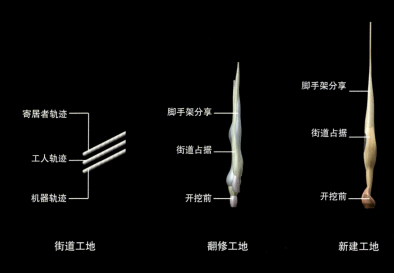

突现都市流拼像:

1.都市原型参与者

在割出区域中,工地周遭有数个可能扮演都会原型参与者的机构。过滤其可能性后,可在工地内发明出可行的机能内容。

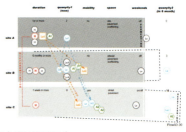

2.都市原型再混合

都会原型参与者根据其个别意图,会选择适合的工地特性来安置自身。由于不同需求的拼像,与在不同工地选择不同项目,如期程、数量、活动性等,参与者将自身分解并分散进工地内。参与者裂解片段的再混合,在工地内形成了新的都市簇集。比如:伦敦大学学院将针对本地居民的一般授课,长期放置在新建工地内,而咨询事务则放在街道工地,以对大众进行活动式的推广。

3.都市原型机制 <右>

将工地内各个片段关联起来,会显现各种不同网络的层级。在这个状况下,其中有物流的、学术的、休闲的网络。每一个都跟着特定策略演进,将工地闲置空间转换为都市机制。

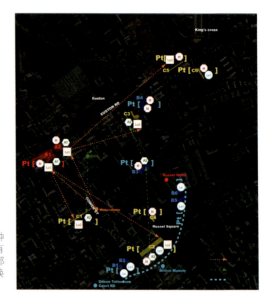

4.都市流动模拟 <下页>

每个都市原型机制皆会产生都市流动。随着施工的演进,工地会随时间而改变,机制也会随时间而产生差异,并造成了都市流动样式的差异。这个模拟显示在机制改变下,都市流动结构的配置与再配置的例子。

何炯德 + 梁惠敏 / de place

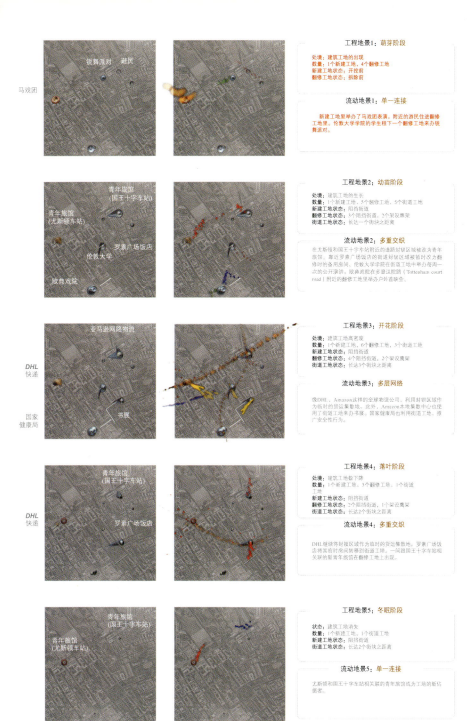

暂生都市主义 **131**

原型制作：

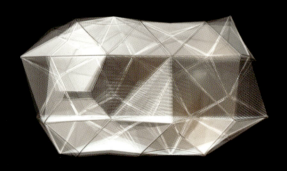

运动变形

都市原型

都市原型以一种装置与运作场域的模式出现，要去重新思考冲突间的关系。在运作中，冲突的质地溶解成开放的小块，将节点与冲突解开，而将可能性的断裂嵌入，进而相连接并编织出新关系，更以此制定出都市组织的群集。

延续对都市工地的研究，此计划继续企图在建筑工地中实现原型。为了要即时处理多重的事件，我们设计了一组运动关节来面对不同的需求。当空间封闭时，原型作用为防护罩，将噪声和污染封锁在工地内，而不至影响到周遭环境。在展开时，宽阔的空间可用在额外的机能内容上，如临时储存空间或是工人休息区。此装置是静电转换器，其中使用了一个小型可变电容来储存能量。转换器包含了两个平行板，一个系在弹簧上，一个则固定不动。弹簧上的板子随着振动前后摆动，电容内的电压循环地增加和释放。这个机制很适合整体生产，做法与半导体矽微晶片的廉价生产方式相同。它不只可以降低工地带来的负面效应，更可将负面的元素转变为可用的资源。最新的微电机系统MEMS科技之矽微电子技术，让振动得以转换为电力，这也进一步为无线感应器或其他功能等供电。

各种样式在不同的层面呈现。虽然各个原型单位的技术和功能规则是一样的，但上百个以至千个原型单位的集结依照其间的关系与协调，可以形成不同的样式姿态，并扮演微型环境调节器。因此不同的单位组合可以应付不同的工地特色。在对称的方

静电转换器

能量循环回收

脚手架：垂直组合

复合簇集：大量组合

遮罩：水平组合

式下，新的表面会有较大的开口，如果不对称，便会产生较小的开口。以垂直的方式组合，其作用便如同脚手架一般，以水平的方式组合，其作用便如同街道工地的遮罩。如果大量组合，其作用如同街道上方的簇集。一个原型所产生的影响，在较高层面上转换，而出现不同形式，在不同地点下，会有不同功能。因此，每个个别的聚集可扮演微型环境调节器。各个新形成的调节器相互连接，可将都市流动交织进更加复杂的都市样式各层级。随着时间变化，不同功能种类的原型，可以提供高复杂的都市流动管理策略，它可以用来提供不同的运作场域使用，如旅游、物流和能源回收等。内容方案也可以回应都市流动的移转。原型聚集有机体一次又一次勾画出复杂都市样式的出现。在该样式中，不同层级的多重都市流动，动态地相互暂生地交织。

通过将建设原型融入施工程序，工地从被消除的区块转变为都市设施。在不断的相互合并下，原型工地构成了一个收纳穿梭都市流

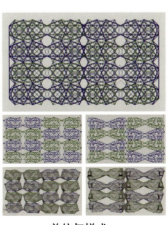

单位与样式

暂生都市主义

动的地景，并将它们维持在地表上，等待适合的连接。因此都会情感被连通，并更容易向下与本地联络和向上与全球联络。结合各种时程和机械的选项，地景可以更弹性地反馈回应。

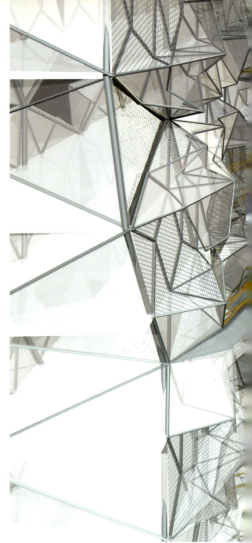

1．空桥组合之内容时间表

08am前：空桥关闭

08am：空桥展开成工地办公室、材料储藏空间

08am~：材料散布

09am~：社区分部办公室开放

16pm：施工停止，两个区块连接供工人娱乐使用

17pm：工地办公室关闭

18pm：社区分部办公室关闭

18pm后：工人宿舍

2．原型组合之内容时间表

06am前：保安关闭

06~07am：大门开放给货车卸货

07~08am：将材料散布至工作区

12~13pm：午休

16 pm之后：停工，部分单位转换为工人宿舍

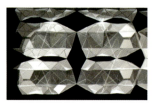

06am前

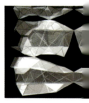

06~07am

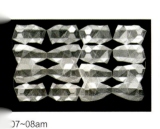

07~08am

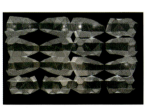

12~13pm

16pm后

暂生都市主义

各种原型嵌入都市之情况

复合簇集

通常活泼易变性质被视为都市失序的原因。暂生都市主义认为，透过更多精细组织的连接，不稳定的因素可以比静态者有更大的力量，作为都市策略的种子。因此，这个计划根据建筑工地的暂生都市主义所形成的都市地景，是可以动态管理的，并在其开展之中，给城市带来更多沟通的空间。

参考书目

[1] Bunshoten, Raoul. Urban Flotsam. Rotterdam: 010 Publishers, 2001.
[2] Scott Lash & John Urry. Economies of Signs & Space. London: Sage Publications,1994.
[3] Giddens, Athony, Runaway World. London: Profile Books Ltd., 1999.
[4] Drucker, Peter Ferdinand. Managing in the Next Society. New York: St. Martin's Griffin, 2002.
[5] Bourdieu, Pierre. Contre Feux 防火墙. 孙智绮译. 台北：麦田出版社，2002.

遮罩

联络方式： E: info@deplace.net　　　W: www.deplace.net

变形环境
/阿曼度·雷耶斯·瓦格司/能适工作室

2002年，阿曼度·雷耶斯·瓦格司（1978年生于墨西哥.普埃布拉Puebla）从墨西哥美洲普埃布拉大学（Universidad de las Americas – Puebla）取得建筑学士学位。2003年在彼得·库克（Peter Cook）和丹尼斯·康普顿（Dennis Crompton）的指导下，他在英国伦敦大学巴雷特建筑学院（Faculty of the Built Environment, School of Architecture, University College London）获得了建筑设计硕士学位。他其他的相关教育经验包括与英国诺丁汉大学（University of Nottingham）和斯坦福大学、欧洲大学协会EUA、伦敦拉邦中心（Laban Center）现代舞空间与灯光设计工作坊等的学术交换。他的作品曾于普埃布拉、墨西哥市、迈阿密和伦敦展出，也曾于《Arquitextos》、《Revista +》上刊出，他也列名于普埃布拉市政府与普埃布拉建筑学院等机构（"Benemerita Universidad Autonoma de Puebla", SiZA, The City of Puebla government and the "Colegio de Arquitectos de Puebla A.C."）所赞助的出版品《20世纪建筑与工程名人》之中（"Arquitectos de Ingenieros Poblanos del Siglo XX" by Carlos Montero Pantoja and Maria Silvina Mayer Medel）。他获邀在墨西哥的几所大学发表演讲，也与纽约SMAQ工作室的安得瑞雅·盖德瑙（Andreas Quednau）一同担任2004/2006年美洲普埃布拉大学的学生工作坊的讲师工作。2004年，他得到普埃布拉双年奖研究论文类别的首奖，也挤进2005年迈阿密双年奖的E-竞赛未来之星（Miami Bienal e-competition Possible Futures）的准决选之列。他目前是雅可罗沙建筑事务所（Constructora Acrosa）的执行总监，他在过去两年来负责主导超过60个以上的项目，包括国家级和国际的竞赛，他在美洲普埃布拉大学开设建筑设计课，也在德州大学与美洲普埃布拉大学担任虚拟工作室的评论员，他也是CAPAC组织的国际关系书记，而目前他则被指定担任国家建筑学院的普埃布拉支会成员。

从何开始／起源

本方案的想法动机,来自于探讨混合空间的使用、与建筑适应和操作此类空间的新方式之可能性,寻找以上二者的当代回应。伦敦一处被选为本方案脉络化的地点:康登区地铁车站(Camden Town Underground Station)和其邻近周边。这个区域充满活力,来自不同文化背景,讲不同语言的人们在这里互动,这个基地有将任何外来元素吸纳为其结构一部分之潜力。

在像伦敦或纽约这样的城市,地铁/火车/渡轮站对于都市某些区域发展而言,扮演了重要的角色,伦敦的康登区地铁站(Camden Town Underground station)成为了当地许多活动的出发点,特别是那些将来到地铁站作为旅途起点的访客。然而地铁站只是一个出发点,从那里我们也可以说这个活动绝非随机过程,它是周遭发生活动的结果,因为每一个人是他们自身叙述的生产者,依据他或她自己的故事行走。我同意狄塞托(Michel de Certeau)的观点,当他说故事可以:"横跨与组织各地方,它们会选择地方并将它们连接在一起,它们是空间的轨道",这引导我相信这些空间的轨道,是拼图迷惑中的第一步,以了解场域的空间组织。

起始观念的其中之一包含了了解这些轨道是空间中一个连续的经验,它们自身反应了当时实际发生了什么事,或是可能发生的事情。空间为既存调适,也为可能的未来做调整。每个交通站、市场或公共空间经历着人潮密度持续不断的变化,根据在每天的各个时间点,每周的各天,甚至一年中的特定星期中,都会有不断变动的人潮密度和流量,但是其建筑是固定的,而如果建筑也会变动呢?这对一个本来就会变动的空间,会带什么影响呢?如果将到达和离开这两种动态经验和来自康登区的混合/当代的生活方式做一个综合,形成一个没有人能分辨出其中的界线的形态,会发生什么事呢?如果所有的事件在同一时间内变成了一体又多面向的存在,又会发生什么事呢?

深入了解这种动态经验,需要把康登视为一个界线经验,在那里有真实的事件上演,而任何事情都有可能发生,但是这个边界有超越于静态界线空间之外的隐性潜力,它可能是一个动态中间地,"边界由互动与会面所组成,它是一种空乏,是互换与遭遇的叙事符号"(狄塞托),而邻近空间都是等待被这些经验填补的空位。此方案的哲学企图着眼于达成狄塞托所谓的"空乏到充实的转换,让过渡成为确立的地方"。过渡这个说法意味着,我们是转换中的个体,它指出我们是从某地到他地之改变的本质,且这个体会互换(interchange)。

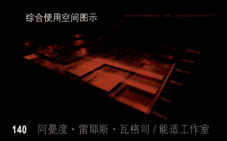

综合使用空间图示

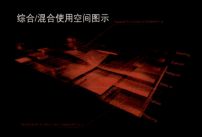

综合/混合使用空间图示

互换在字典的定义里,其中之一是:"彼此之间交换位置",这表示只有概念性的空位,因为很可能我们每次进入这个边界时,就会有其他的人占据我们原先位置,反之亦然。但我们要如何记录或控制它呢?

在空位中能发生的事件是没有明确界线,且属不同活动层级的,其中个体可以轻易地从一个层级跳到另一个上,外来访客与本地人会惯于处在一个许多标志经综合一起的多活动空间,对于这点潘蜜拉·威尔(Pamela Well)指出,这是"边缘模糊,定义软化,互动的可能性增加",这样的可能性启发了此方案的目标,是要寻找达到这种模糊性并让互动性增加。

可能空间轨道

这些事件的扩大或重新诠释,不能透过空间的实体提升而被完成,而是经由一系列的翻译器,将某种形式下发生的事件,重新诠释其活动为另一种不同的形式,创造不同种类的事件,但却具有原始的本质。要定义一个空间需要许多资料,包括密度、方向、轨道、时间、频率、地理位置、气候等等……这些资料可由现今发生在市场、酒吧、商店的各种事件来提供,所有此剧中的角色可作为所有不同节目交错的生活空间,创造出有改变弹性的混合空间,可以让节目交迭变更。在此两页下方有四个图示,它们显示综合使用空间到混合空间的转换,第一张内不同节目中的互动并不存在,但在部分或全混合的空间中,互动增加了,并建立了冲突与机会的节点。

任一空间都是由其使用者之空间行为所创造的,而任一地方则是由其居民和其行动所产生之叙事所定义。因此,如果任何空间内的行为是由表演者来定义,那么表演者所产生的影响则定义了空间的性质和功能。每个表演者对它们接触到的人们有着不同程度的影响。有若干关键事项将被探讨:他们如何吸引人们?他们为什么要吸引人们?以及维持人们在身旁多久?如果能回答出这些问题,就可以得到一个结论:每个表演者都有某种"磁场",可以吸引特定对象来参与特定活动,而这个"磁场"有其生命期来定义出事件本身的时间长。(注意:表演者这个名词,不必一定要用字面的意思去解释它,它也可能只是一般的男人或女人在"表演"他/她的日常行为而已。)

混合空间图示

未控制展演空间图示

变形环境

街头表演者的定义，开始从一个在公共空间里做表演来娱乐观众的人，变成一个注定要用其人格特质来表演的人物，展演他或她如何使用居住空间的方式，以及这个表演者这一天的活动如何进行。围观的群众被表演者的外貌和他引发的事件所吸引，青年人似乎倾向加入表演以尝试新的生活方式，这些本地人透过日常生活成为表演者，对访客产生一定程度的影响。

保罗·维希留在消失的美学（Paul Virilio, The Aesthetics of disappearance，作者笔误为The Art of Disappearance）一书中提到："对于形状的追求，只是对时间与速度的追求，而且必须成为替集体文化服务的特殊文化观点。"速度和时间是这个案子的核心元素，其中所有事物都连接到混合空间复合物，此处会发生连锁效应，让地铁站的周遭空间成为回应系统，不断变化的环境以空间性质和经验的方式给予附加价值。

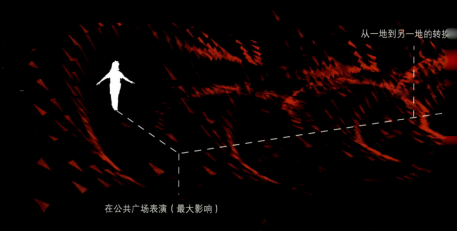

街头表演者影响区域映像

从一地到另一地的转换

在公共广场表演（最大影响）

追踪一对在特定场景下的男女之影响概念地图,而每个活动的表现又是如何交错和创造改变的领域。

与朋友共同表演(向量化影响)

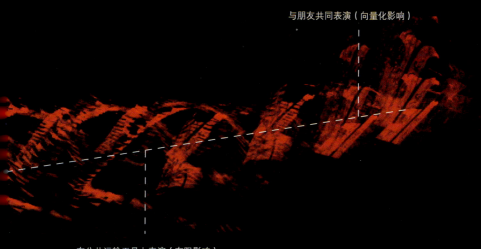

在公共运输工具上表演(有限影响)

变形环境 **143**

变形康登……

原始方案称为变形康登,被发展来作为伦敦大学巴雷特学院(Bartlett, UCL)的建筑硕士课程的一部分,但在课程结束后,它被进一步地再发展。

此方案的关键元素是回应的"装置",称为变形斜坡,它们是可充气结构所形成的巨大输送带,它们能够依据特定的状况而改变,诸如天气、节目、使用者、人群密度、一天内的时间等等……在位于康登高街和坎帝许市路(Camden Hig Street and Kentish Town Road)角落的三角形基地布局里,一共有七座这种变形斜坡,每一件大小不一,是能回应实体、社会和文化脉络的独立本体。

它们每一个都有特定的变形序列,可以将原本两层受限的环境,转化成多种变异的空间配置,它可以改变其长与高,以及其开放性或封闭性。

有一个重点必须强调一下,这些斜坡的设计是以大型活动的规模来构想的。

这些图片用透视及平面图来表示变形序列,展现空间配置的巨大变化范围。

基地平面图

康登区置入

变形斜坡分布

变形序列

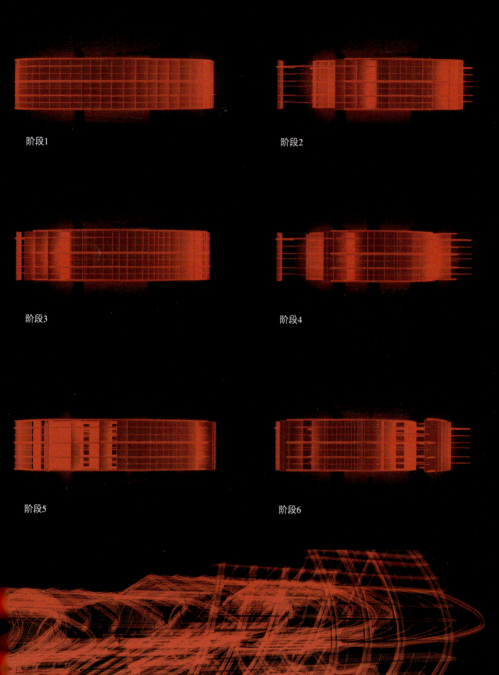

阶段1

阶段2

阶段3

阶段4

阶段5

阶段6

变形环境

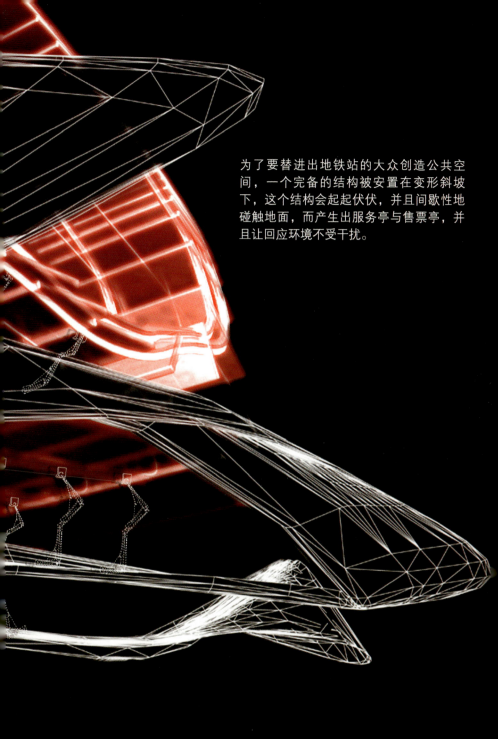

为了要替进出地铁站的大众创造公共空间，一个完备的结构被安置在变形斜坡下，这个结构会起起伏伏，并且间歇性地碰触地面，而产生出服务亭与售票亭，并且让回应环境不受干扰。

这个图形表示特定状态下的变形空间，平日、天气部分阴云、有少数人在附近走动，其使用主要是针对零售与展示。因为这个方案是关于"适应"，而坐落在伦敦会遇到的一个极致的变数：雨，这是个重要的考虑因素，几个有快速应变折板的外部元件装设在斜坡上，在遇雨时打开来保护斜坡。

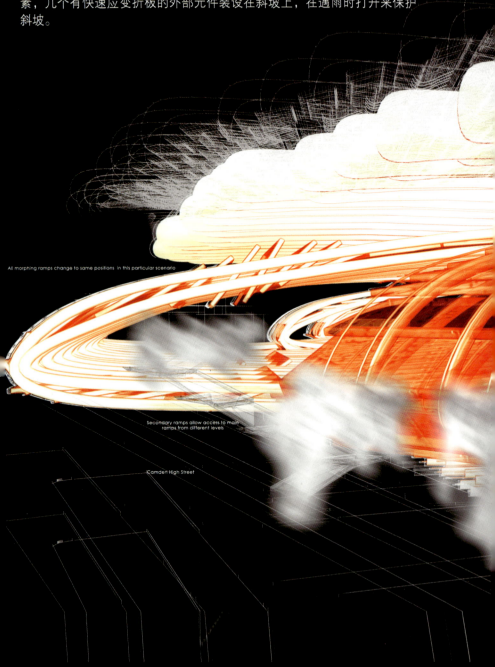

变形序列XS/放松

变形结构XS/遮蔽

在遵循变形环境适应细节之观念精神下，另一种元件被产制，称为XS元件，此元素使用了与变形斜坡一样的原理。充气机制调整可以变成市场摊位、游民帐篷、音乐会座位或是用餐桌子，提供了一种给人使用的回应表现。使用XS结构的最大好处是100%的可携性，因此人们甚至可以私人拥有此结构，并随处携带着，将它套用在任何的变形斜坡上，甚至在自家使用。

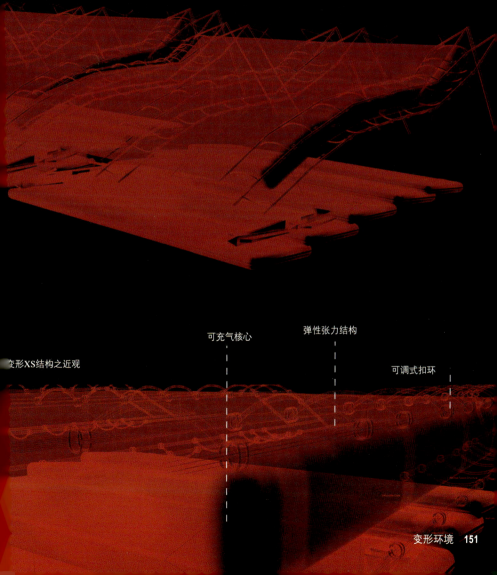

变形XS结构之近观　　　可充气核心　　　弹性张力结构　　　可调式扣环

变形环境

XS结构一旦被安置在主环境中，就能广泛容纳不同种类的节目，因此它可以作为市场或是音乐会的观众席，但最有趣的是，使用者可以开拓将空间融入他们自身故事的可能性，以创造真正的混合空间。

方案中另一个有趣状况会在夏季出现，在使用了与其他层一样的上层充气甲板后，其覆盖的表面可以增加30%，这部分可以自由移植使用。

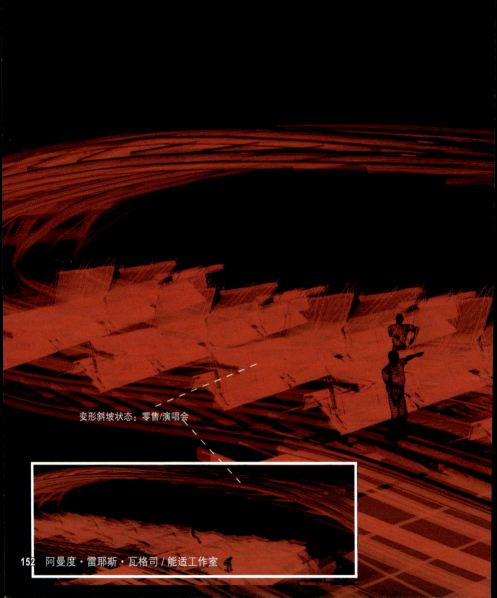

变形斜坡状态：零售/演唱会

阿曼度·雷耶斯·瓦格司 / 能适工作室

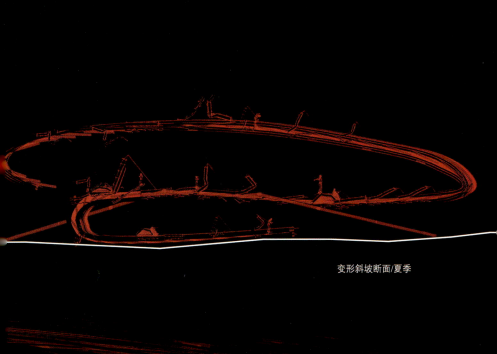

变形斜坡断面/夏季

变形环境

被分为四块的时间区块显示出使用者、时间、节目、序列和各种层面之间的连接,一路从地底到上层甲板。

变形环境

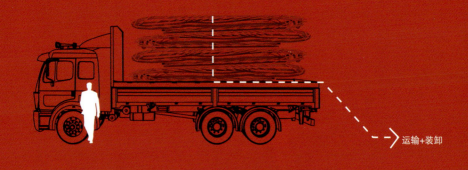

运输+装卸

根据将来的使用将装置充气

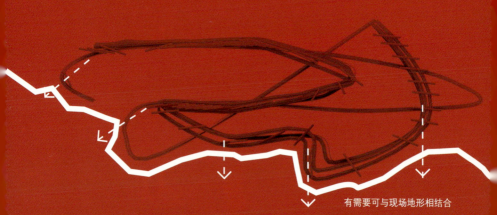

有需要可与现场地形相结合

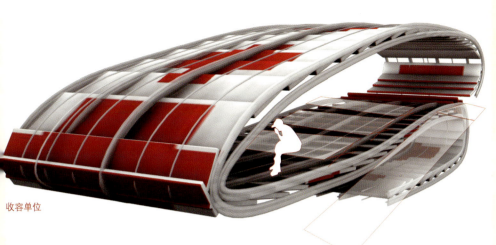

收容单位

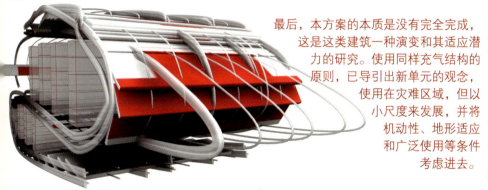

储藏单位

最后,本方案的本质是没有完全完成,这是这类建筑一种演变和其适应潜力的研究。使用同样充气结构的原则,已导引出新单元的观念,使用在灾难区域,但以小尺度来发展,并将机动性、地形适应和广泛使用等条件考虑进去。

单元会被重新设计来适用于标准卡车,以利运输和装卸,之后还需要超低压的充气设备来让装置起始运作。如果有需要的话,它能适应于极端的地形条件,或是放在毁坏的公共设施或绿地上,用作为灾难受害者的收容所或储藏空间或其他用途。许久之后,外貌将变得老旧过时,但真正重要的是对人们有益的适应架构原则。

灾难区分布状况

变形环境 **157**

建筑中的L系统

以自然的生长程序作为建筑设计的产生器

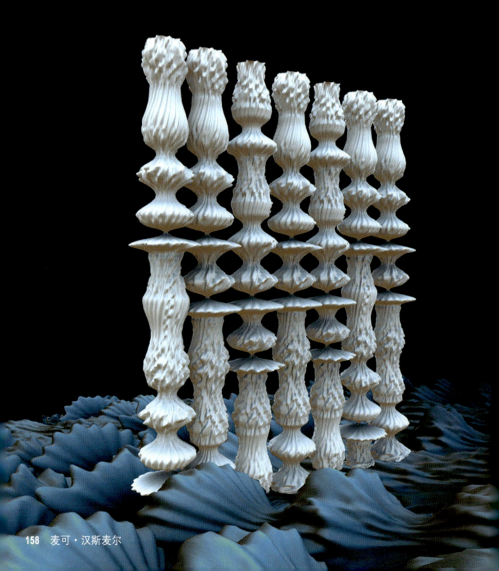

麦可・汉斯麦尔

几个世纪以来，建筑师从自然界的几何形状中得到了许多灵感。他们的设计受到自然界的结构、比例、色彩、样式和纹理的影响。建筑师将这些影响整合成为一直以来主要的实证过程。

在过去的几十年来，人类才开始更加了解自然形体基础的逻辑和数学根据。在1960年代末期，生物学家林登梅尔（Aristid Lindenmayer）根据形式语法理论来提出了一套字串改写演算法，它可以建立植物和其生长过程的模型。这个理论被称为L系统。

近来建筑界在模型制作和视觉化的范畴上有了重大的进步，尤其现在程式语言整合于CAD程式中，使得物件透过运算过程，可以产生直接视觉化（Visualization）。

这个方案检验前述两种发展是否能一起为建筑带来新的可能性。自然界生长过程的逻辑可以作为建筑设计的产生器吗？而L系统可以被套用在建筑形体的形成上吗？L系统可以进一步为组织逻辑的建立、空间的分割或结构系统的发展等额外的功能有所贡献吗？

这个方案首先探索将L系统法则视觉化的方法，并探讨设计中的哪一种特性是L系统的逻辑原有的，然后会将L系统语言扩展以整合参数系统的各种层面。

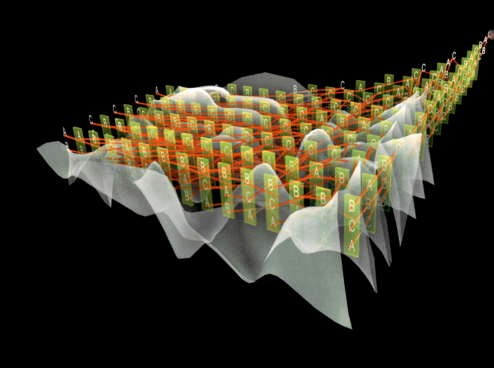

多重字串世代的映像（mapping），当作表面顶点之变化。

L系统是什么？

L系统是一个形式的法则，它原先被视为是植物生长的理论。L系统可以用几个简单的规则来描述植物复杂的形体。

L系统包括两个部分：生产和解析程序。生产程序的主要概念是字串改写，其中组成起始字串的字母，依照预设的规则被其他字母平行取代。取代的字母成为新一代的字串，之后会依照同样的替换规则运作。此字串改写程序通常会重复数代。

在L系统的第二个部分中，一代或多代字串中的字母会被解析。这个方案利用映像程序和海龟绘图解析法（turtle graphics interpretations）来将字串的解析转化为几何形体。

多重字串世代映像
（mapping）到诸多球体
的半径。

生产程序取样

输入：
*重复：6
*起始字串： A
*替代规则： A -> ABA
　　　　　　B -> AC

替代程序：
0) A
1) ABA
2) ABACAABA
3) ABAACABAABACABAACABA

解析程序取样

输入：
*字串：ABAACABAABACABAACABA
*解析规则：A=前进
　　　　　　B=右转
　　　　　　C=左转

视觉解析：

建筑中的L系统　　161

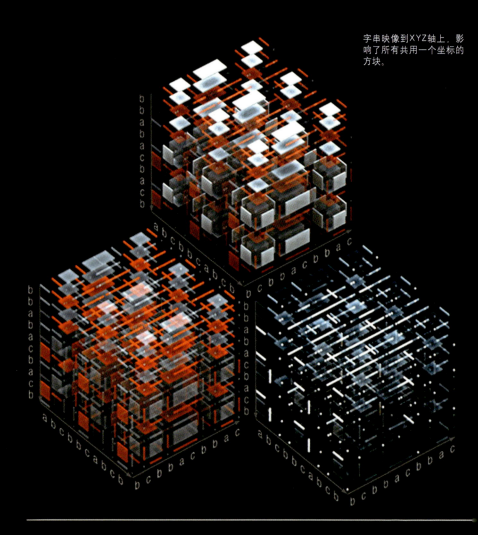

字串映像到XYZ轴上,影响了所有共用一个坐标的方块。

字串在物体上的映像

这个方案的第一部分同步地探讨多代的字串。包含在多代字串里的字母,被有效地解析成二维场域的资料。这个资料被映像为一个或数个几何体之属性。蕴涵在资料中的样式,因此变得可见。

162页中,在字串改写程序中产生的编码被映像到表面的顶点上。三个字符映像到每个顶点,它们分别引发在其X、Y或Z轴上的平移。例如"A"可能是a+1个单位的平移,而"B"则会产生a−1单位的平移,"C"则是保持位置不变。因此三字符"CBA"会让顶点在XYZ轴上有着(0,−1,+1)向量单位的平移。

字串也可以映像到其他物体的属性上,诸如尺度、转动或颜色。例如在一个非常简单的系统中,场

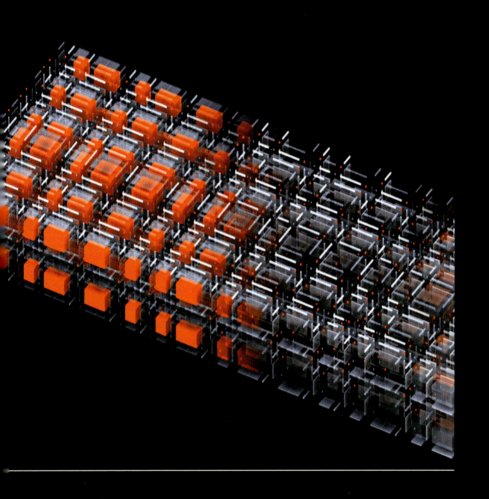

域里被排列出的球体的半径，可以用与对应的字符相关的数值来设定。在163页中有一个相似的系统。

在这个程序的变异中，每个字母可以被映像到不只一个物体上，还能映像到整个物体阵列上。两代的字串可以被映像到一个资料域内的两个轴上，并用轴线上的一点，影响拥有同一坐标上的所有物体。例如"C"字母位于X=3的位置，那么所有X坐标等于3的物体，会将性质值设为"C"。这个程序形成上面两个系统的基础。

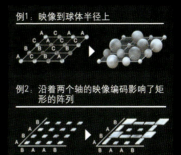

例1：映像到球体半径上

例2：沿着两个轴的映像编码影响了矩形的阵列

建筑中的L系统

递回的单代海龟绘图法

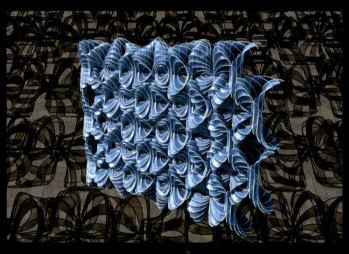

海龟绘图法形象化

字串的字母不只可以映像出物体的属性，也可以被解析为一系列的指示。在海龟绘图系统中，一只虚构的海龟会依照指令来移动。例如，某个字母可以被视为"向前走"，而下个字母则是"向右转"。字串的字母被连续地解析，并翻译成为海龟特定的路径。这些路径被画成直线或曲线，并形成了形象几何的基础。透过额外的命令，这些线可以被3D图形化（loft 与extrude为3D指令）。

海龟指令可扩大为完全的三维旋转，也能允许"笔上"与"笔下"的功能，即是让海龟移动而不用画出一条线来。此外，有指令可用来储存海龟位置和让海龟复原到之前已储存的位置上。整个路径位置都可以被储存，可用最后进入、最先出现的序列来查询。这个逻辑实现了多层的分支。

随机字串取代的多代
海龟绘图法

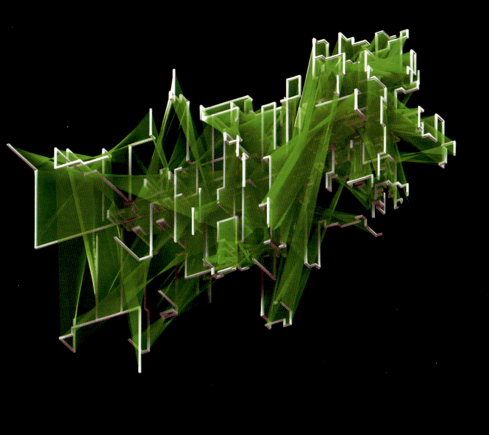

虽然前几页中呈现出的映像程序,将多字串资料同时图形化,但是海龟绘图解析可以透过单一代的字串产生复杂的几何图形。

在海龟绘图解析中,每一代产生的个别字串,可以被视为形体成长程序的独特阶段。形体因此可以一代代地演化。

海龟绘图指令举例

F	前进,画直线
U	前进,不画线
+−	沿着向上向量的转动(左右摇动)
&^	沿着侧面向量的转动(仰俯)
/\	沿着前方向量的转动(滚动)
[	储存海龟位置
]	回复到上次储存的位置
L(n)	设定移动距离
R(n)	设定路径半径(内径)

建筑中的L系统

随机字串取代的海龟
绘图之多代模组分支

有模组元件的海龟绘图

字串改写规则并非被独立地套用在代表海龟绘图指令的字母上。因此新字母可以被定义为（即被替换）组构多重海龟绘图指令。这些可以依次由其他字母来参照，并形成模组元件。

在上面的系统中，分支被定义为模组。分支由子模组所组成，它们会依次地完全由海龟绘图指令所构成。分支从形体的起始点开始被参考数次。每次分支模组被呼叫时，海龟就会回复到原点。

一个模组在完全被打散成海龟绘图指令前，需要历经数次重复字串改写。要确保未完成的（即未完全打散者）模组不会在特定一代中被图形化，可以将字串取代规则定义在有效范围内。例如某特定规则只能被用在早期重复字串取代中，而有些则用在最后的阶段。

麦可·汉斯麦尔

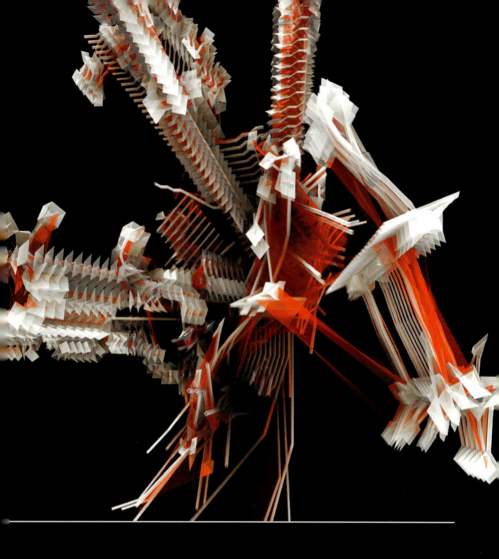

在上面系统中，随机而非固定的字串取代规则被使用。例如字母A有90％的几率会被B取代，而有10％被C取代的几率。这让形体中有一定程度的不规则性。

模组定义举例

A−>F+F+F+F（"A"因此被定义为方形）
B−>AAAA（"B"被定义为四个方形）

由"B"字串起始，上方的规则在两代后会有下列字串

0)B
1)AAAA
2)F+F+F+F F+F+F+F F+F+F+F F+F+F+F

这会产生右边的形体

建筑中的L系统　　**167**

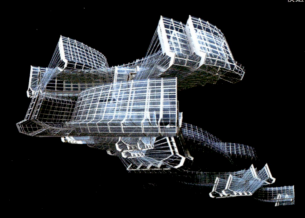

模组分支海龟绘图系统

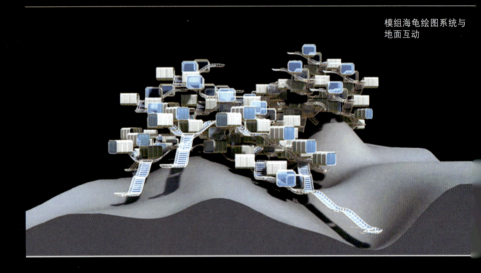

模组海龟绘图系统与地面互动

海龟绘图与环境互动

海龟绘图语言可以扩展来启动对环境因素的回应。在某层级上,环境因素会影响海龟的状态,像是移动的距离和其路线的半径(内径),或是转动的角度。这些特性会依海龟的位置而改变,并相对于环境中某点之方向而变动。

在另一层级上,海龟能依照在环境中遇到的条件,从清单上搜寻不同的指令。其中一个例子是,海龟会对基地的地形有所反应,因此不至于会碰到地面。在这种情况下,动作选项的清单可以限制在"前进"或"退后并转向"(后者只有在撞击迫近时才选)。

模组海龟绘图系统包
含空间填充曲线逻辑

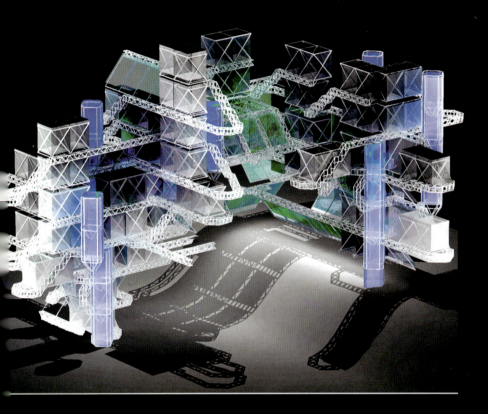

组织与空间逻辑

L系统不仅能产生模组物体,也能制造决定其组织和空间安排的逻辑。字串改写可以创造自身不相交的三维空间填充曲线,且不论其规模大小。一个系统中的元件可以在曲线的间隔上找到。然而这些曲线的几何性质是内在同质的。

在几何性质更多变时,一组路径记忆资料可以被导入来限制或控制自我交叉。例如相交可以在特定节点上被允许,以改良循环或加强结构。这些特定的干预让空间配置有了更大的范围。

组织系统取样

1)空间填充自我回避曲线

A-> +BF-AFA-FB+
B-> -AF+BFB+FA-
第4代

2)有记忆路径的曲线

A-> F[+A-F+F][-A+F-F][FA]
F-> FF
第6代(节录)

多重尺度的演变参数物件之序列

参数的海龟绘图语言

170页介绍的海龟绘图语言需要特定参数来描述海龟的状态，诸如其位置或取向。这些参数虽然可以透过增加的变动来修正，但其定义和操作仍然是受限的：

- 数学函数或运算子不能超过加/减法。
- 不可能在参数之间定义关系，没有独立变数。
- 没有"如果 — 则"子句的内嵌条件

这些限制阻止了系统间模组建立更复杂的关系，并阻碍环境互动的方法。语言的语法因此可以扩展来含括数学函数、独立变数和条件。

独立的主要与次要参数系统

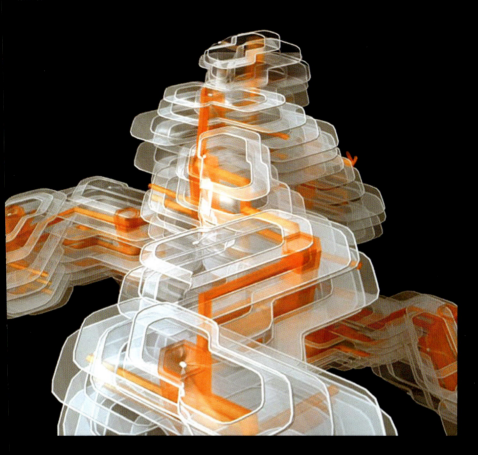

扩展的海龟绘图语法

数学函数:

X(=15)　　　将X设为15*
X(+2)　　　将X值增加2
X(/1.41)　　将X值除以1.41

X[=Sin(45)]　将X设为Sin(45º)

X(=10.30)　　将X设为10到30间的随机数值
X(=10.30.5)　将X设为10到30间的随机数值增加间隔为5
　　　　　　　(即5,10,15,20,25,30)

独立变数:

VA(=15)　　　　将A变数设为15
VB(=VA*3)　　 将B变数设为A变数*3

条件:

X[=if(VB>5.3.2)]　如果变数B大于5,则将X设
　　　　　　　　　为3,否则设为2
X[=if(X>5.5.X)]　 将X上限设为5

*X是指定海龟在向上向量的转动之保留参数

建筑中的L系统　　**171**

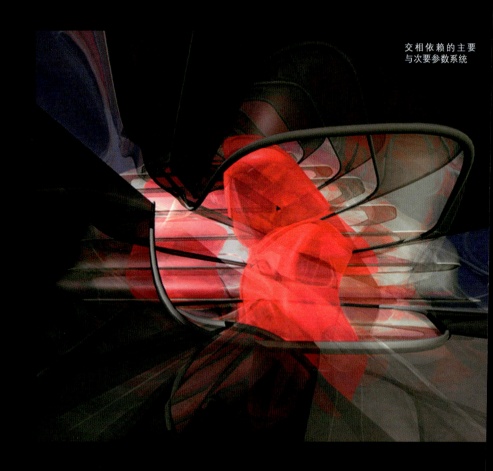

交相依赖的主要
与次要参数系统

系统间的交相依赖

171页的系统使用了扩展海龟绘图语法来建构一系列的参数物件。物件是依照同样的规则来建构的——半径由正弦波取决的抬升圆圈（lofted circle）。控制正弦波的参数（即其频率、振幅和位相）从系统中的物件到物件之间演化。这些是物件间唯一的"记忆"或连接。

这页中的系统和171页的系统有一样的特性，然而它增加了一个在主要系统中建造物件的次要系统。两个系统透过第一个系统的"记忆"以多维变数的形式来关联，该变数储存了第一个系统物件的图形资讯，诸如它们由抬升圆圈（或六角形）所定义的地点和界限。

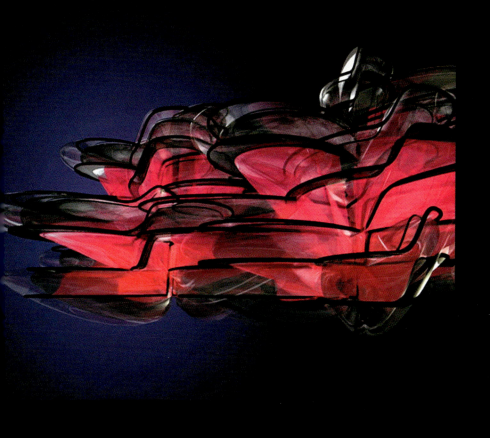

然后次要系统会由主要系统物件位置上开始生长,朝向另一个物件位置。次要系统会在固定的间隔下分支,并延伸其分支,直到到达主系统的边界。两个系统可被视为建构外皮,并在其中填入核心和通道。

交相依赖系统的概图

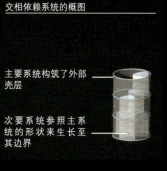

主要系统构筑了外部壳层

次要系统参照主系统的形状来生长至其边界

建筑中的L系统

L系统是一套非常强有力的设计工具。其能力在考虑输入端极度缩减，而又要求输出端的广度和复杂度的状况下，最能看得出来。要解释这种反差，在于以下事实：因为输入包含程序植入该点，两者在外貌上没有差异。这个输入和程序的合体开启了非常灵活和开放式的生产过程，可以不视其尺度来套用在非常广泛的题材上。

在L系统中没有最本质性的单一类型形体，L系统的字串改写逻辑特别有助于包含分支、递回和模组的形体。字串改写的递回本质进一步让L系统产生展现组织逻辑的形体。加上了空间填充的曲线，这个逻辑甚至可以运用在代代相传时的形体。

L系统语言可以进一步靠内嵌的参数系统来增进功能，诸如独立变数、数学函数和条件设定。这样做时，系统中元件间的关系便能建立。这种扩展的语言也允许了系统回应环境的影响，如基地条件等。这让多重系统可以互动。

L系统因此能让建筑师超越过往经验法则可能性，而能直接且有系统地把在自然界中找到的法则，挪用在他们的建筑标的上。

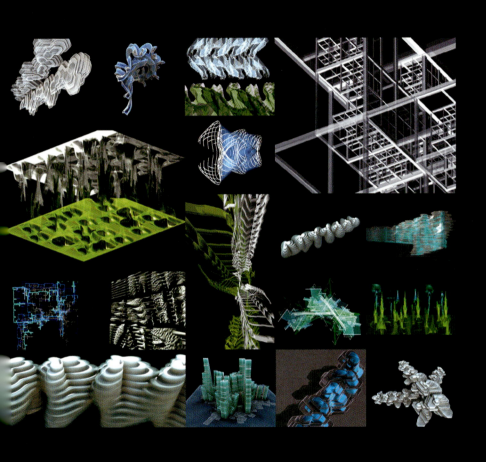

本方案所有图片都是由使用客制的Excel程式以及VisualBasic巨集所产生的，并用Maya和MEL程式语言来图形化。要了解进一步详情，请上：

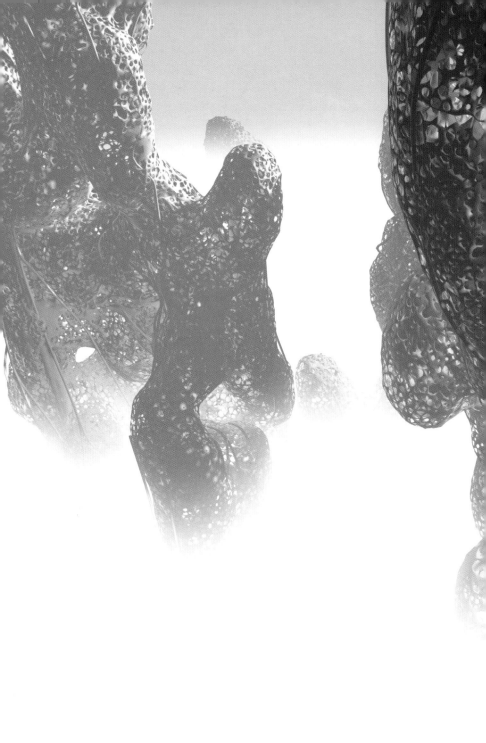

"我听说"
(平面、宽广成长的都市实验)

团队
R&Sie(n)+D.建筑师

人员
法兰沙·洛奇、史蒂芬妮·拉佛、尚·那维洛以及班诺·杜兰丁
(François Roche, Stéphanie Lavaux, Jean Navarro
With Benoît Durandin)

国家
法国

$$\overset{\longrightarrow}{\longleftarrow} \quad \begin{aligned} V_n &= V_{n+2} \\ &= V_{n+8} \end{aligned} \quad \begin{matrix} V_{n+1} \\ \nearrow \vec{u}_{n_i} \\ \searrow \end{matrix} \quad \begin{matrix} V_{n+4} \\ \nearrow \end{matrix}$$

$$V_{n+3} = V_{n+5}$$

$$\begin{matrix} \searrow \\ \vec{u}_{n_j} \end{matrix} V_{n+6}$$

$$\vec{u}_t(q) = V\left[\rho_i(q), \varepsilon_i(q) \mid c(q)\right]$$

01_ 成长演算

前言

当代城市之发展工具，阐明了紧密编写的决定论程序与根据预测而得的计划机制之主宰性。城市的成长、稠密化和熵（entropy热力学函数）都是由预先设定且不变的几何投射所引导。都市形态变革理应依照封闭的方案，无法偏离方案所依据且预先规划好的陈述来进行。因此城市形成的图像便被一种生产模式所束缚，并将未来的发展都先定死了。所有还未发生的事都提前被设定好，并被此种预设给紧紧锁死。

当代（欧洲）城市是在微软视窗系统下做格式化的，无法使用程式的原始码（Linux）。

我们没有理由相信所谓"一切都在控制之下"的操作模式，约制都市结构的生产，足以反应一个大众传媒社会的复杂度（交相杂错的问题和相关模式），这个社会的权力已经从国家中央集权渐渐转交给了市民大众。

城市的建造正苦于民主赤字和工具的滥用，这样的状况可以追溯到少数人的理智掌控多数人命运的时代。城市真正的构成是无法被资讯和生产机制之稀释和分裂所带来的社会改变所渗透的。自由市场空间是借由社会控制之名来建构的，而当代城市保留与揭发了该建构的污名。

我们能够想像出一个完全不同，全由人的偶然性所主导的都市架构吗？我们能制定出能接纳不可预期与不确定性的适应方案来作操作模式吗？我们能够根据城市成长脚本和容纳许多即时输入（人、关系、冲突等资料）的开放演算法来描绘一座城市，而不是用死板的计划程序来设计城市的未来吗？

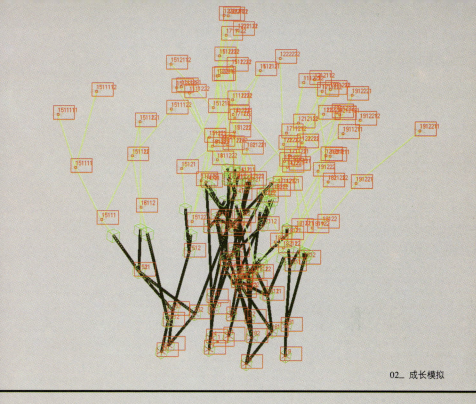

02_ 成长模拟

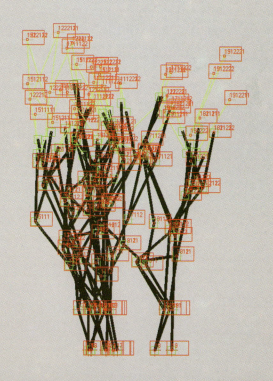

03_ 成长模拟

"我听说"

04 催眠室内部

社会合约/区域合约

— 我听说是一个碎形结构,相当真实地由偶然发生的事件所组成。其建筑是根据随机成长和永不停止的原则所建立的。它是由连续事态所发展出来的,并无规划也无预先设定计划的权限,其实体构成使得社区的政治结构得以显现。

— 扩增的网路是由进口原料和本地居住的动物和植物中,回收、合成和聚合的资源所构成的。在精神追求科学地运作下,产生了交换、流动和血管的模式。

— 我听说是确立与建立在不断突现、改变和相对整体而言脆弱的群居性的这个概念上。成长是从邻居和其他居民之间的交涉而来,同时也服从于集体的限制(可及性和结构矛盾)。产地的原料每十年会一部分接着一部分地循环坏死一次,这是要避免全面而永久性的占据和伴随而来的个人所有权的观感(起初的周期会更加随机)。在R&Sie(n)的成员班诺‧杜兰丁、亚历山卓‧米朵(Alexandra Midal)、罗兰‧吉倪佛(Laurent Genefort)、吉乐‧雪佛(Gilles Schaeffer)、白达格与派胡(Berdaguer & Péjus)和法兰沙‧鲁斯坦(François Roustang)的努力以及布鲁斯‧史达林(Bruce Sterling)的初期建议下,我们已经制订出区域性协定。

— 我听说并不会根除已存在的城市,而是在其上建立一个沉积的沉淀物(sedimentary deposit),这跟康斯坦的新巴比伦(Constant's New Babylon)很类似。它可以被视为是一种插接物置入城市的构造组织,或是一种三维桌布依附其上。

05_ 催眠室细节

VIAB机器（发展机器）

我听说计划有机器发展的需求，故和洛杉矶南加州大学的机器人实验室合作。此机器之名称是来自于其生长发育的能力和变化性。该机器的目的是要透过结构材料的分泌作用即时建立其结构，结构材料的分泌物是本计划的外壳。VIAB是一种寄生物，或者像是珊瑚虫，它们会住在它们所形成的珊瑚礁中，并得到其支持。

其中心思想是要设计一个永远处于建设状态中的建筑结构，结合未完成与自决为其构成参数，而VIAB是其向量。

成长，或者该说是成长的变化，是从以下所引发一系列限制所决定的：
- 结构抗力
- 使用模式所导致的可及性和计量
- 居民感受到的压力
- 群体智慧（集合行为）

主要演算法则是从结构考量推演而来，它能控制发展的可行性。个体与集体的压力被纳入考量，视为是扭曲基本的建筑资料的病毒。其结果是，VIAB有着移情作用，它与居民的主体性相容。建设的过程以一种持续协商的状态，揭露社会行为的状态。它是一个持续进行的工作，且不企图去预言或计划形态之结果。它是存于我听说中的生物神经末端。

VIAB被设计成一种竹节虫，那是一种偷偷装成小枝的昆虫，依附在自己产生出的结构上。

06_ 催眠室现场图

传闻

我听说是只靠复式的、异质的和矛盾的事态形成的事物,这些事物甚至拒绝可能预测的关于成长形式或未来类型学的想法。

以无形的事物嫁接到既存的组织上,不需要事件的尽头来辩证自身,它们反而欢迎一种沉浸在即时振动状态下的不稳定存在,就存在于当下的此时此刻。
扭曲、纠结似乎是一个城市的状态,抑或是城市的一个片断。

其居民是免疫的,因为他们既是这个复杂体的诱导者又是其保护者。
其交织经验与形式的多样性,与其机制表面的简单性相搭配。
都市形式的突现不再单靠少数人的任意决定或控制,而是依照其个体偶发事件的组合而形成。它处在一个不停息的交相作用中,同时涵盖前提、后果和被引发骚动的整体。其法则与其地点是同质同体的,其中没有记忆作业。

许多不同的刺激对"我听说"的诞生有所贡献,而且不断重新被载入。其存在无可避免地与大叙事的终结、气候变化的客观认定、所有道德的质疑(甚至是生态学的)、社会现象的振荡和更新民主机制的迫切需求等事物相连接。虚构是其真实原则:你眼前之所见会与"我听说"的都市状态之事实相符。

何种道德律条或社会制约可以将我们从现实中抽离出来,避免我们生活于其内,或是保护我们不被现实伤害?不,"我听说"的邻域协定不能取消生活在这个世界里的风险。

居民必须从当下中吸取营养,不能有所延迟。领域结构(territorial structure)的形式直接从

07_ 催眠室现场图

当下中汲取养分。

"我听说"也是从悲痛和忧虑中产生的。它不是一个能抵挡威胁的避难所,或是一个隔绝和隔离的地方,而是保持对各种事件都开放的状态。那是一个解放区域,它的建立是为了使我们能让创立动作的根源永保活力,以便让我们能永远与之共存,并一再重新体验该起源。

生活形态镶嵌在反折和多节的几何中。其成长是人为和合成的,且无关乎混沌与自然的无形。它是根据非常真实的程序,产生原始物料和其演化的操作模式。
公众领域处处都在,就像由相互矛盾但仍然真实的假设所驱使的脉动有机体。运载着未来变异种子的谣言和情节与新领域的振荡时间相互协调。

我们无法将组成"我听说"的所有元素——命名,或是完整理解"我听说"之整体,因为它是属于多数大众的,我们只能从其中萃取出一些片段。
当世界变得可被理解,当它紧守着某些可预期的表象,或是试图要保存一个虚假的连贯性,这样的世界是很可怕的。在"我听说"中,是不在场的东西定义了它,并确保了它的可读性、其社会和领域的脆弱性和其不确定性。

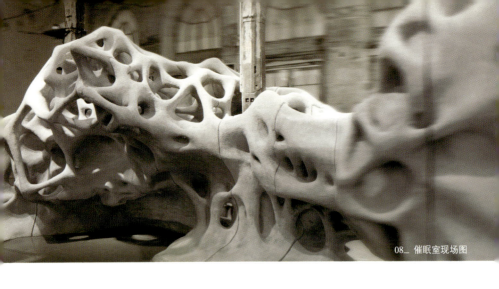

08_ 催眠室现场图

10_ 催眠室,3D模型

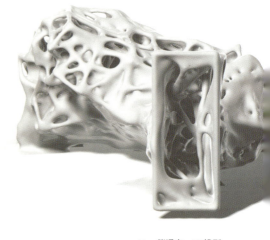

11_ 催眠室,3D模型

催眠室

巴黎现代艺术博物馆,2005年(Mam, Modern Art Museum, Paris)
主要尺寸:15m^2
客户:巴黎现代艺术博物馆、卢森堡现代艺术博物馆(Mudam, Modern Art Museum Grand-Duc Jean)
费用:0.12 M(欧元)

本文:
个人催眠疗程实验在"我听说"上的研究与展示。

09_ 催眠室现场图

13 & 14_ 催眠室。以激光烧结制作模型（1/100）

12_ 催眠室，3D模型

情节：
1) 进入一间"异位"（heterotopia）的认知房间。
2) 接着你要进入"醒梦"状态，周遭充满"我听说"的都市声音信息。
3) 感觉你自己是器官与自决生长结构中的神经终点。
4) 继续保持沉思与实验，当作你生活区转换的可能性。

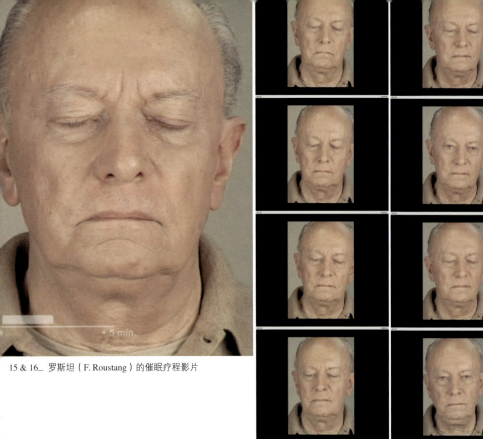

15 & 16_ 罗斯坦（F. Roustang）的催眠疗程影片

梦游症

名词。1.一种精神活动，在被称为苏醒睡眠的状态期间产生，或甚至称为加深的知觉。梦游症可以被形容为一种在模糊、不确定且有问题的状态下的感知，而且是一种不稳定意识的状态，揭露与世界、其他人与自身的新关系。

2.在历史上，这种不寻常的知觉状态，在19世纪上半叶被视为是催眠状态，持续试图发展一个自由空间和平等主义的社会计划，此目的只有在这个状态下，才能被理解和发展。在

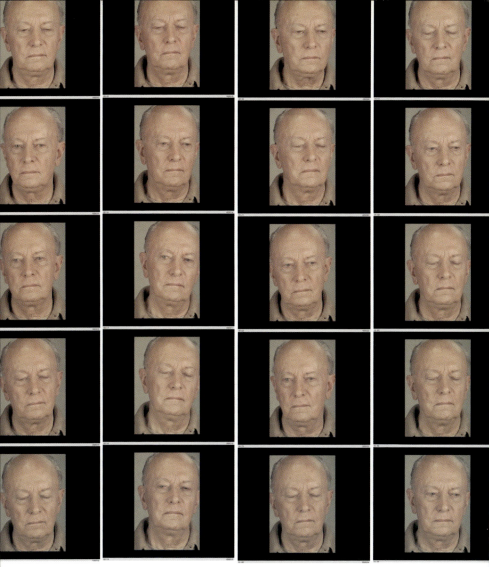

面临修改真实、实际、政治世界机制之不可行性后，此前女权运动开始发展，相反的却建立了一个不可触及、不同的与陌生的存在层级。虽然此举被妖魔化，并被视为是江湖骗术，然而所有的前现代改革者思潮都与此运动相关。

3.横穿门（Trans-door），一种催眠建议法，在"我听说"实验中使用（参看：远距传动 teleportation）。

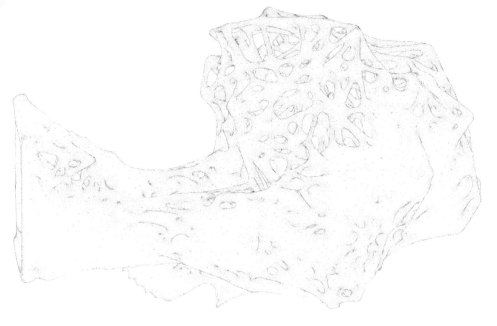

17_ 催眠室，线框（wireframe）模型

评语

如何透过渗入主观性来建立一个非疏离的程序？催眠室单位是构筑个人关系的方式，诸如"醒睡者"与只有催眠才能到达的虚构环境。催眠室是一道开启的门，横穿门，依照丹·西蒙斯（Dan Simmons）的说法就是逃逸到另一层面去，那是一个平等的层面，该处的民主概念会被重新评估，那是一种自决的程序。

我们不希望将科技用作未来的宣传口号，而是将它视为个人或集体主观的向量，用来再次介绍不确定性、时间的振动和对睡眠安逸的恐惧。另一方面是要承认建筑无法解决所有人类参数，作为一个欲望的纯客观化。我们要在栖居地内整合催眠实验，成为一个新"功能"。这个范例包含从人类状态脱离的方式，与梦游活动中的乌托邦/反乌托邦状态相似，并扮演一个可触及的"星际之门"（star gate）。

催眠室是一个室内的房间，是一个沉浸区，催眠疗程已注册，以帮助市民逃离让他们感到孤独的社会状态。

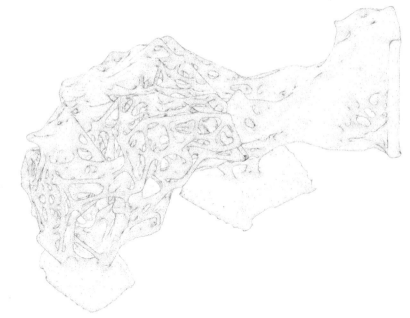

18_ 催眠室，线框（wireframe）模型

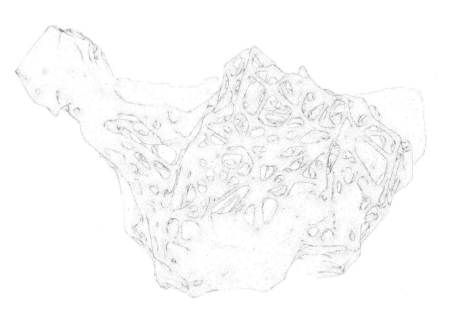

19_ 催眠室，线框（wireframe）模型

20_ 从"我听说"影片中撷取之画面

21_ 从"我听说"影片中撷取之画面

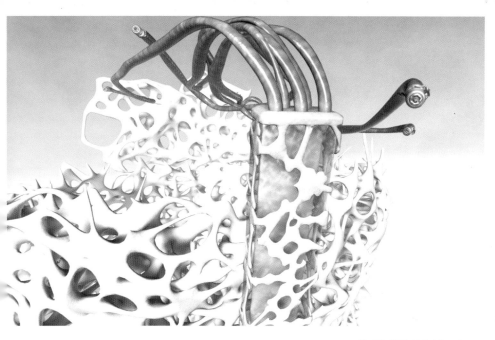

22_ 从"我听说"影片中撷取之画面

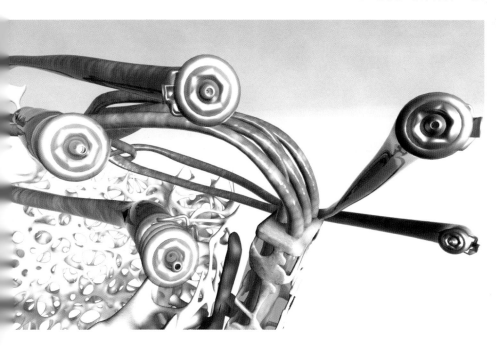

23_ 从"我听说"影片中撷取之画面

人员表

R&Sie(n) / 法兰沙·洛奇、史蒂芬妮·拉佛、尚·那维洛 (François Roche, Stéphanie Lavaux, Je Navarro)
&
班诺·杜兰丁 (Benoît Durandin)

并得到以下的著作者的授权：
-Berokh Khoshnevis (轮廓刻画程序Contour Crafting Process, 洛城南加州大学USC, LA)
-Francois Roustang (巴黎催眠专家)
-Chris Delaporte (电影导演、3D特效，来自巴黎)
-Mathieu Lehanneur (巴黎设计师)
-Laurent Genefort (巴黎科幻小说家)
-Julien Blervaque (程式设计，来自巴黎)

原型/装置/出版
-Ufacto, David Toppani (原型模型1)
-Thibaut Boyer (3D电脑模拟造型)

赞助者
巴黎现代艺术博物馆（法）、卢森堡现代艺术博物馆、De SINGEL国际艺术中心（比）、薛州大学（美）、金泽21世纪博物馆（日）、国家电影中心（法）、LAFARGE建材公司（法）（F）、Materialise材料公司（比）、Next Limit科技（西）、DAPA（法）、Innsbruck建筑大（奥）、New-Territories公司（法）

制作
巴黎博物馆Paris-musées（法）

监制
Laurence Bossé, Angeline Scherf, Hans Ulrich Obrist

封面设计：何炯德

封面图片：林益锋

主　　编：何炯德

撰 稿 人：西蒙·康斯塔、安得瑞·佛瑞司、依莲娜·贝塔瑞理、贝帝沙·辛哈、大辅长友、詹明旎、派维·海迪克、欧玛·康、安东尼奥·派特洛夫、何炯德、梁惠敏、阿曼度·雷耶斯·瓦格司、麦可·汉斯麦尔、法兰沙 洛奇、史蒂芬妮 拉佛、尚·那维洛、班诺·杜兰丁

翻　　译：张硕修（左传翻译事务所）

校　　稿：何炯德

美术编辑：个别案件由该案作者完成，除"我听说"由梁惠敏完成，全书美编整合由梁惠敏完成。

图书在版编目（CIP）数据

新仿生建筑人造生命时代的新建筑领域／何炯德编著．—北京：中国建筑工业出版社，2009
 ISBN 978-7-112-10787-2

Ⅰ．新… Ⅱ．何… Ⅲ．仿生学—应用—建筑设计 Ⅳ．TU2

中国版本图书馆CIP数据核字（2009）第029649号

责任编辑：唐　旭
责任设计：董建平
责任校对：刘　钰　关　健

新仿生建筑
人造生命时代的新建筑领域

何炯德　编著

*

中国建筑工业出版社出版、发行（北京西郊百万庄）
各地新华书店、建筑书店经销
北京图文天地制版印刷有限公司制版
北京方嘉彩色印刷有限责任公司印刷

*

开本：880×1230毫米　1/32　印张：6$^{1}/_{8}$　字数：176千字
2009年6月第一版　2009年6月第一次印刷
印数：1—2500册　定价：50.00元
ISBN 978-7-112-10787-2
（18028）

版权所有　翻印必究
如有印装质量问题，可寄本社退换
（邮政编码　100037）